徹底解説

Visual Studio Code

本間咲来 著

JN193641

C&R研究所

■権利について

- 本書に記述されている社名・製品名などは、一般に各社の商標または登録商標です。
- 本書では™、©、®は割愛しています。

■本書の内容について

- 本書は著者・編集者が実際に操作した結果を慎重に検討し、著述・編集しています。ただし、本書の記述内容に関わる運用結果にまつわるあらゆる損害・障害につきましては、責任を負いませんのであらかじめご了承ください。
- 本書の内容は2019年7月現在の情報を基に記述しています。

●本書の内容についてのお問い合わせについて

　この度はC&R研究所の書籍をお買い上げいただきましてありがとうございます。本書の内容に関するお問い合わせは、「書名」「該当するページ番号」「返信先」を必ず明記の上、C&R研究所のホームページ（http://www.c-r.com/）の右上の「お問い合わせ」をクリックし、専用フォームからお送りいただくか、FAXまたは郵送で次の宛先までお送りください。お電話でのお問い合わせや本書の内容とは直接的に関係のない事柄に関するご質問にはお答えできませんので、あらかじめご了承ください。

〒950-3122 新潟県新潟市北区西名目所4083-6　株式会社 C&R研究所　編集部
FAX 025-258-2801
『徹底解説Visual Studio Code』サポート係

はじめに

　Visual Studio Codeは2015年、マイクロソフトのBuildというカンファレンスで、はじめてアナウンスされました。まだ生まれて4年ぐらいの、比較的若いエディターです。リリースされて以降、現在まで毎月アップデートが行われ、開発者にとって便利な機能が追加され続けています。

　Visual Studio Codeはマイクロソフトが開発を行っていますが、ソースコードはGitHubで公開され、その機能はマイクロソフトが力を入れている技術や言語のみに特化するものではありません。数多くのプログラミング言語に対応し、各種外部ツールやクラウドサービスと連携します。

　拡張機能をインストールしてできることを増やし、設定をカスタマイズすることで、自分のニーズやスタイルにあった開発環境を構築することができるでしょう。ほしい機能がなければ、拡張機能を自分で開発することも難しくありません。

　本書は、Visual Studio Codeを開発環境に導入したいプログラマーや、プログラミングを学び始めた初学者を対象にし、Visual Studio Codeの基礎的な使い方から拡張機能の開発といった奥深い内容までを解説しています。プログラマーの方は読みながら環境構築を進めることができますし、プログラミング初心者はこの本を読みながら、実際にコードを書く練習をはじめてみてはいかがでしょう。

　本書が読者の皆様の手助けになることを願っております。

2019年8月

マイクロソフト・Azureテクニカルトレーナー
本間咲来（さっくる）

目次 *contents*

◼CHAPTER-04

タスクとデバッグを使い倒そう!

◼CHAPTER-05

Live ShareとRemote Development

◼CHAPTER-06

VS Codeをもっと使いやすく
カスタマイズしよう

CHAPTER

01

Visual Studio Codeを
はじめよう

▶ **本章の概要** ◀

カスタマイズが可能で快適なプログラミング環境を提供するエディター、Visual Studio Code。本章ではセットアップ方法やインターフェイスの説明、コマンドパレット、ナビゲーションなど基本の使い方を紹介します。

はじめに

Visual Studio Codeとは、マイクロソフトによって開発されているマルチプラットフォームのエディターです。Windows、macOS、Linux上で動作し、拡張機能の追加により開発者が求めるさまざまな環境を提供することができます。

Visual Studio Codeは、元はVisual Studio Onlineというサービスで提供された、Monacoというブラウザ上で使用できる開発環境が元になっています。その後、ElectronというWeb技術を活用したクラスプラットフォームのエンジンを利用し、デスクトップアプリケーションのVisual Studio Codeとして2015年にリリースされました。

Visual Studio Codeには、さまざまな開発支援、編集、カスタマイズ機能が組み込まれています。例を挙げていくときりがありませんが、

- インテリセンス（入力支援機能）
- フォーマットやシンタックスハイライト、Linting
- デバッグ機能
- タスク機能
- バージョン管理
- シンボルの定義や参照の表示
- 統合ターミナルや問題・出力表示パネル
- 拡張機能によるカスタマイズ

などが代表的な機能です。

本書では基本機能や各種開発支援機能、キーボードショートカット、開発テクニック、カスタマイズ方法など、Visual Studio Codeを便利に使う方法を徹底解説していきます。

本書の環境とキーボードショートカット

　本書ではWindowsのVisual Studio Code Stable版1.36.1をベースに解説します。また、文書内のキーボードショートカットはWindows/Linuxをベースに表記します。macOSを使用する方は

- Ctrl → command
- Alt → option

　と読み替えてください。macOSでも「control」キーを使用するなど、上記以外の場合はmacOS版も併記します。

セットアップと起動

⊡ インストール

早速Visual Studio Code（以下VS Code）をインストールしてみましょう。VS Codeのインストールはとても簡単で、公式サイトにあるパッケージをダウンロードし、実行するだけです。Linuxではコマンドからもインストール可能です。

以下の公式サイトのURLにWebブラウザからアクセスします。

https://code.visualstudio.com/

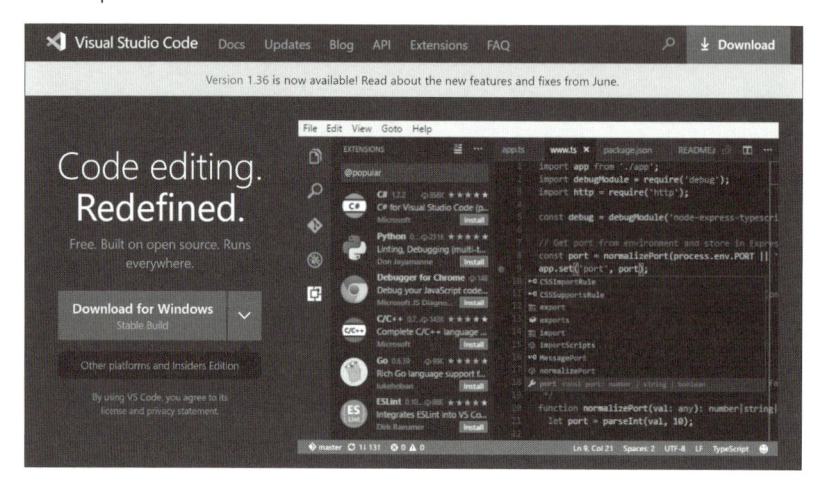

サイトを開くと、使用しているプラットフォームに対応したStableバージョンのダウンロードボタンが表示されるでしょう。異なるプラットフォーム向けや、InsidersバージョンのVS Codeをダウンロードしたい場合は、「∨」ボタンをクリックして、目的のものを選択してください。

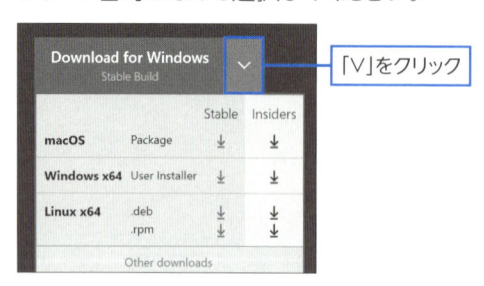

「∨」をクリック

　32bitバージョンのVS Codeは、「Download」と書かれたページからダウンロード可能です。

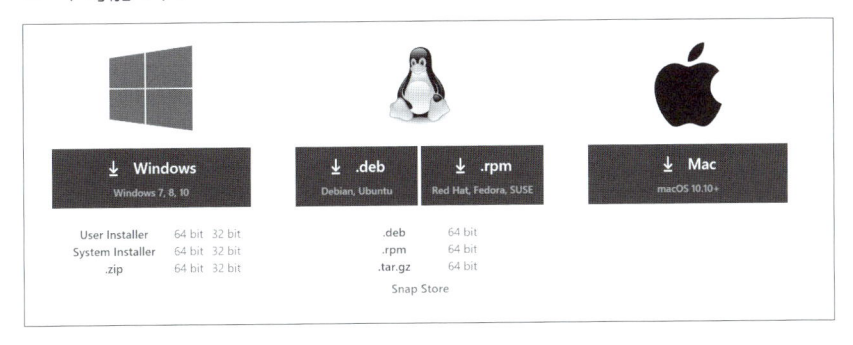

　ダウンロード後、インストーラを起動し、指示に従ってインストールを行ってください。Windowsの場合、.NET Framework（バージョン4.5.2以上）が必要で、未インストールの場合は追加でインストールされます。

StableバージョンとInsidersバージョン

　VS Codeの新しい機能の追加やバグ修正などは、先にInsidersバージョンに行われ、その後Stableバージョンに反映されます。Stableの更新は約1ヶ月に一度です。InsidersとStableは並存することができるので、両方インストールして普段はStableを使いつつ、Insidersで新しい機能を試すことも可能です。

　Stableのアイコンは青色、Insidersのアイコンは緑色をしており、それぞれ別の設定ファイルを読み込みます。

アイコンから起動する

　それではVS Codeのアイコンをダブルクリックし、起動してみましょう。

　以下のようにウィンドウが表示されれば、インストール成功です。

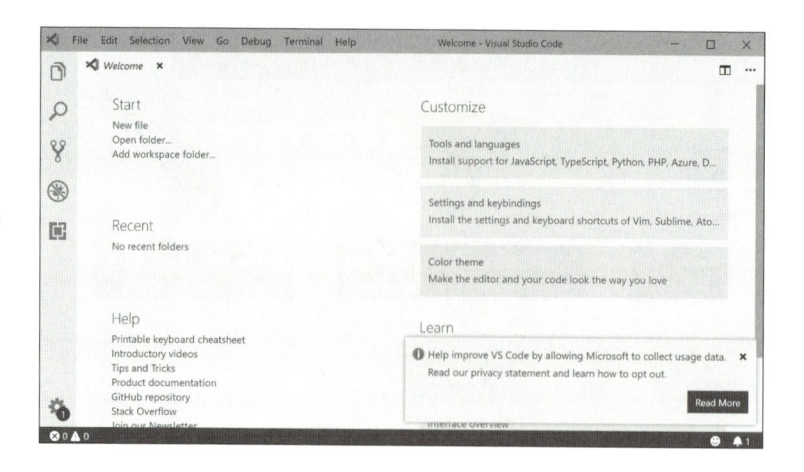

なお、本書では配色テーマを明るいものに変更しています。

シェルから起動する

VS Codeはcmd.exeやPowerShell、Bashなどのシェルからも起動すること
ができます。

以下のcodeコマンドを、シェルで入力してみましょう。

```
> code .
```

現在のフォルダーをVS Codeで開くことができます。「.」の代わりにフォルダー
のパスを入力することも可能です。

macOSでのPATHの追加

macOSの場合、シェルから起動するには最初にパスを追加する必要がありま
す。VS Codeの起動後、「F1」キーか「command」+「shift」+「P」でコマンドパ
レットを開き、「Shell Command: Install 'code' command in PATH」を選択
してください。

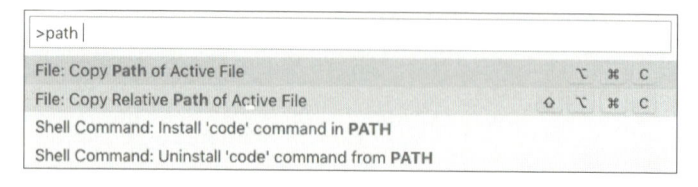

　Windowsの場合、インストール時に自動でPATHの設定が行われているので、追加の必要はありません。

◉ codeコマンド

　codeコマンドの使用例をいくつか紹介します。

```
# カレントディレクトリを新規ウィンドウで開く
> code .
```

```
# カレントディレクトリを、最も直近で使用したウィンドウで開く
> code -r .
```

```
# 新規ウィンドウを開く
> code -n
```

```
# 言語を一時的に日本語に変更する
> code --locale=ja
```

```
# diffエディタを開く
> code --diff <file1> <file2>
```

```
# ファイルを開いて指定の行と列にフォーカスする <file:line[:character]>
> code --goto package.json:10:5
```

```
# ヘルプを表示する
> code --help
```

```
# インストール済みのすべての拡張機能を無効にして開く
> code --disable-extensions .
```

```
# 拡張機能一覧
> code --list-extensions
```

```
# 拡張機能のインストール
> code --install-extension <extension-id>
```

表示言語の切り替え

　インストール直後は、メニューなどの表示言語が英語になっています(環境によってはほかの言語の場合もあります)。VS Codeには、メニューや説明などの表示をほかの言語に変更する機能があります。ここでは、表示言語を日本語に変更する方法を紹介します。

　左側のアクティビティバーの上から5つ目の🔲アイコンをクリックします。拡張機能ビューが開くので、検索ボックスのなかに「japanese」と入力します。検索結果の中に「Japanese Language Pack for Visual Studio Code」という言語パックが表示されるので、「Install」ボタンをクリックしましょう。

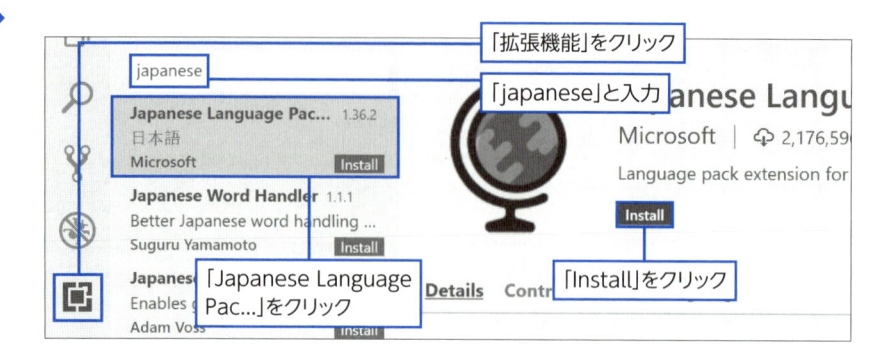

　表示言語を日本語に切り替えて再起動しても良いか、という英語のポップアップが出るので、「Yes」をクリックします。

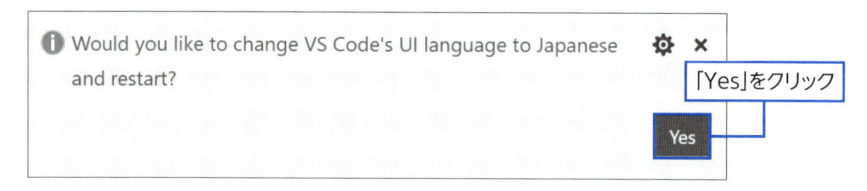

　表示言語が日本語に切り替わりました。

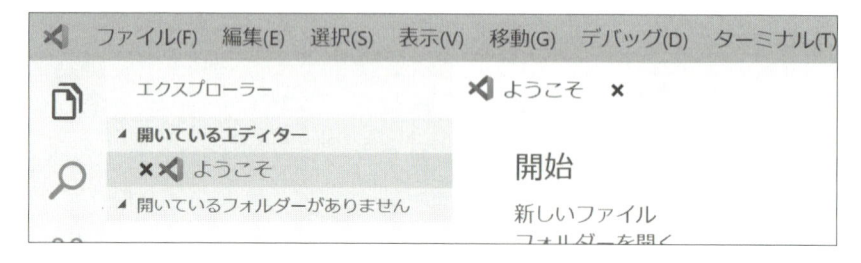

　このように、表示言語に変更する場合は言語用の拡張機能をインストールしたうえで、設定で言語を指定する必要があります。ポップアップからではなく、手動で言語設定を変更する場合は、「F1」キーか「Ctrl」+「Shift」+「P」でコマンドパ

レットを開き、「表示言語を構成する ¦ Configure Display Language」を選択し、表示させたい言語を選択します。

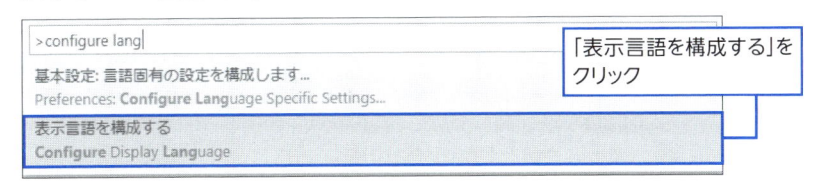

本書では、ここから先は日本語メニューを元に説明します。

◨ 自動更新について

VS Codeは、デフォルトで自動更新が有効になっています。自動更新が有効になっている場合、アップデートは自動的にダウンロードされ、次回の起動時にインストールされるか、環境によってはアップデートをインストールするかを尋ねるポップアップが表示されます。

自動更新は、設定エディターから無効もしくは手動に切り替えることができます。手動で更新する際は、「更新の確認」を実行しましょう（macOSの場合は「Code」→「更新の確認」です）。

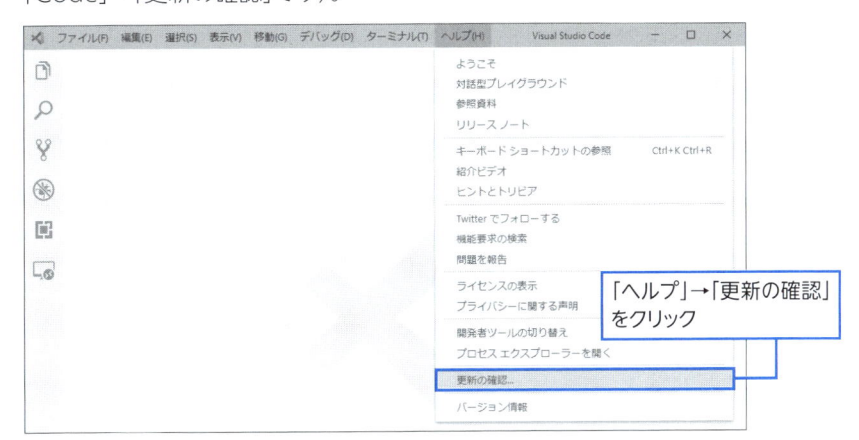

◨ リリースノートと過去のバージョンのダウンロード

過去のバージョンでどのような機能が追加されたかは、下記のURLから参照することができます。

https://code.visualstudio.com/updates

過去のバージョンのVS Codeもリリースノートからダウンロード可能です。

Version 1.36 is now available! Read about the new features and fixes from June.

UPDATES

June 2019 (version 1.36)

June 2019

Update 1.36.1: The update addresses these issues.

May 2019

Downloads: Windows: User System | Mac | Linux: snap deb rpm tarball

April 2019

March 2019

Welcome to the June 2019 release of Visual Studio Code. There are a number of

February 2019

updates in this version that we hope you will like, some of the key highlights include:

January 2019

- **Hide/show status bar items** - Only display your preferred status bar items.

November 2018

- **Indent guides in explorers** - Clearly highlights your project's folder structure.

基本の画面構成

デフォルトのVS Codeは、以下のようなインターフェイスになっています。

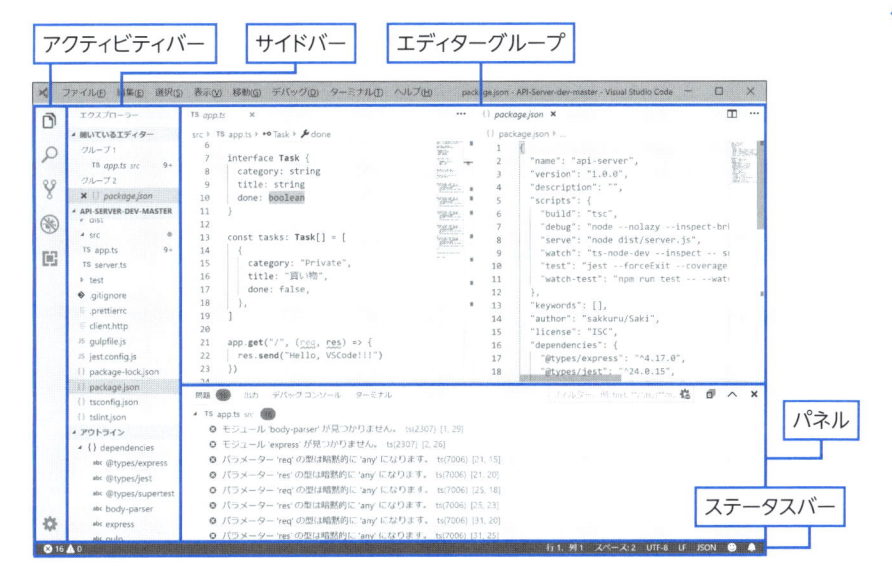

　一番左が**アクティビティバー**で、初期状態では6つのアイコンがあります。アイコンをクリックすると、右隣の**サイドバー**のビューが切り替わります。その右は複数のエディターを同時に表示可能な**エディターグループ**です。

　エディターグループの下が**パネル**で、ターミナルや出力パネルなどを切り替えて表示します。一番下の**ステータスバー**では言語やタブサイズ、Gitのブランチ名など、開いているファイルやプロジェクトの情報が表示されます。

◉ インターフェイスの概要

　ウェルカムページの右下やコマンドパレットの「ヘルプ: ユーザーインターフェイスの概要｜Help: User Interface Overview」から「インターフェイスの概要」を表示すると、各メニューの説明とキーボードショートカットを確認できます。

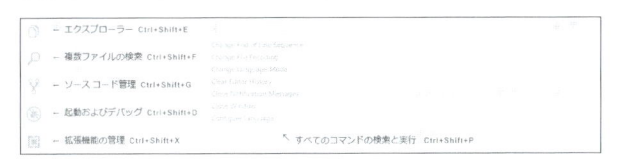

アクティビティバーとサイドバー

アクティビティバーには、初期状態で6つのアイコンがあります。

追加した拡張機能によっては、アクティビティバーにアイコンが表示されます。アイコンはドラッグすることで、上下を入れ替えることができます。また、アクティビティバー上で右クリックするとコンテキストメニューが表示され、アイコンの表示／非表示を切り替えられます。

サイドバーは「Ctrl」+「B」で表示／非表示を切り替えられます。

また、「表示」メニュー→「外観」→「サイドバーを右に移動」から、アクティビティバーとサイドバーをウィンドウの右側に表示することも可能です。

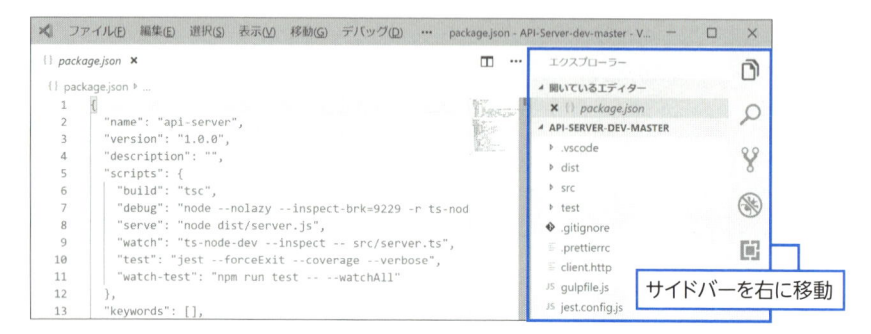

Visual Studio Codeをはじめよう

1

🔲 エクスプローラービュー

エクスプローラービューはワークスペースのファイル一覧やエディターのファイル一覧、ファイル内のアウトラインをサイドバーに表示します。

エクスプローラービューのファイル名をクリックすると、エディターにその内容が表示されます。

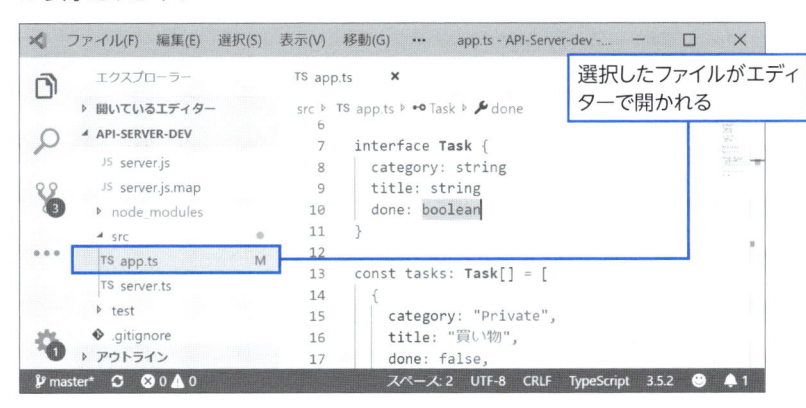

ファイルやフォルダーの追加や削除、名前の変更も、エクスプローラービューから行うことができます。また、ドラッグ＆ドロップによるファイルやフォルダーの移動も可能です。

コンテキストメニューでは、ファイルのエクスプローラー（macOSの場合はFinder）での表示や、パスのコピーなどが可能です。

1

Visual Studio Codeをはじめよう

ワークスペースとマルチルートワークスペース

ワークスペースは、開いているフォルダー群を抽象化する概念です。

VS Codeは別々の場所にある複数のフォルダーを1つのウィンドウで同時に開くことができます。複数のフォルダーを含んだワークスペースをマルチルートワークスペースと呼びます。

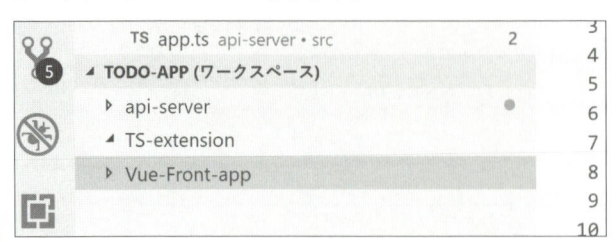

複数のフォルダーを開く場合は、「ファイル」→「フォルダーを開く...」から複数のフォルダーを選択するか、フォルダーを開いた後に「ファイル」→「フォルダーをワークスペースに追加...」を実行します。

「ファイル」→「名前を付けてワークスペースを保存...」を実行すると、マルチルートワークスペースの設定ファイル（XXX.code-workspace）が保存され、次回以降も同じフォルダーを開けます。マルチルートワークスペース単位の各種設定も、このファイル内に記述されます。

ファイルの比較

2つのファイルを比較したい場合は、「Ctrl」キーを押しながら2つのファイルをクリックし、コンテキストメニューの「選択項目の比較」を選択します。

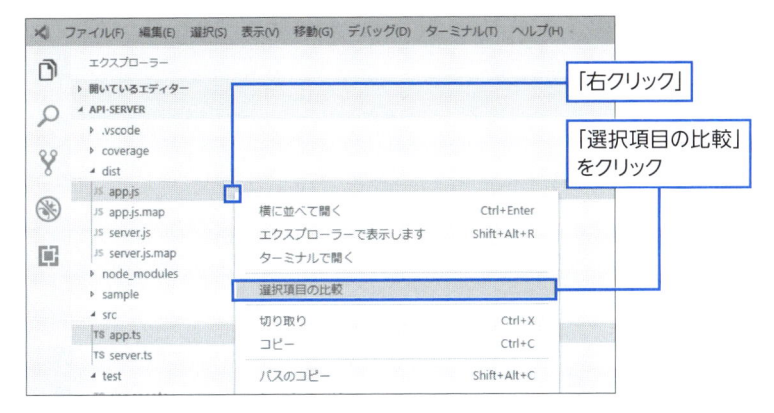

2つのファイルがエディターで開かれ、並べて比べることができます。

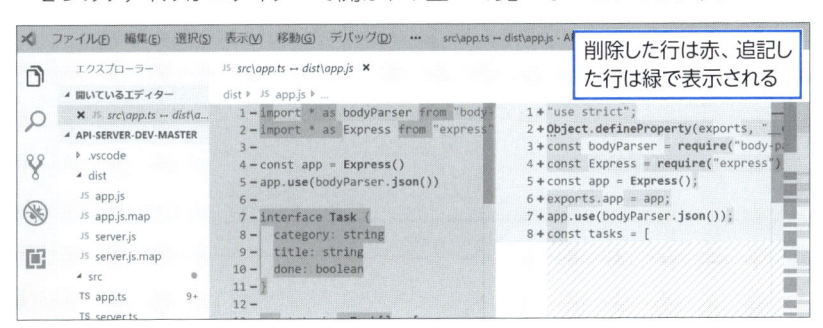

アウトラインの表示

エクスプローラービューの下部にあるアウトラインビューでは、アクティブになっているエディターのファイル内のシンボルをツリー状に表示します。アウトラインをクリックすることで、エディター内を移動することができます。

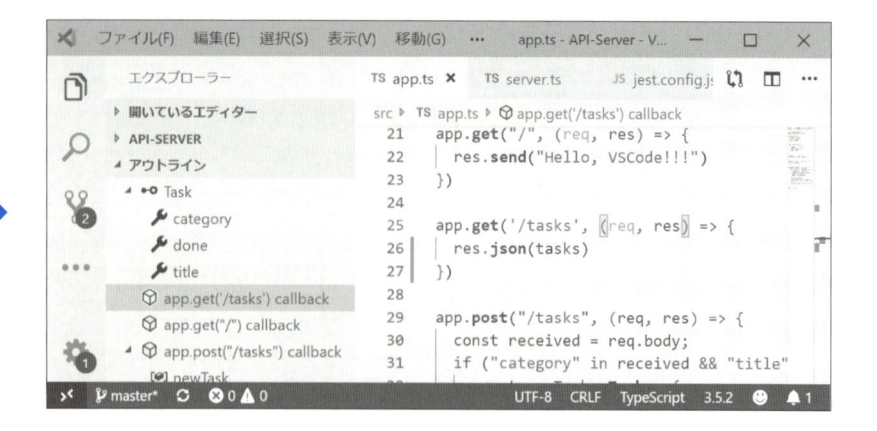

Column シンボル

　シンボルとは、プログラムのソースコード内のクラス名や関数名、変数名などを指します。

　VS Codeでは、HTMLでは各タグ、マークダウンではタイトルやサブタイトル、JSONではキー名など、言語によって指すものが変わります。キーボードショートカット「Ctrl」+「Shift」+「O」、「Ctrl」+「T」やクイックオープンなどから、ファイル内やワークスペース内のシンボルに飛ぶことができます。

検索ビュー

　検索ビューでは、ワークスペース全体の検索と置換を行うことができます。正規表現の使用や、含めるファイル、除外するファイルなどの指定も可能です。検索結果から、各ファイルの一致場所にアクセスできます。

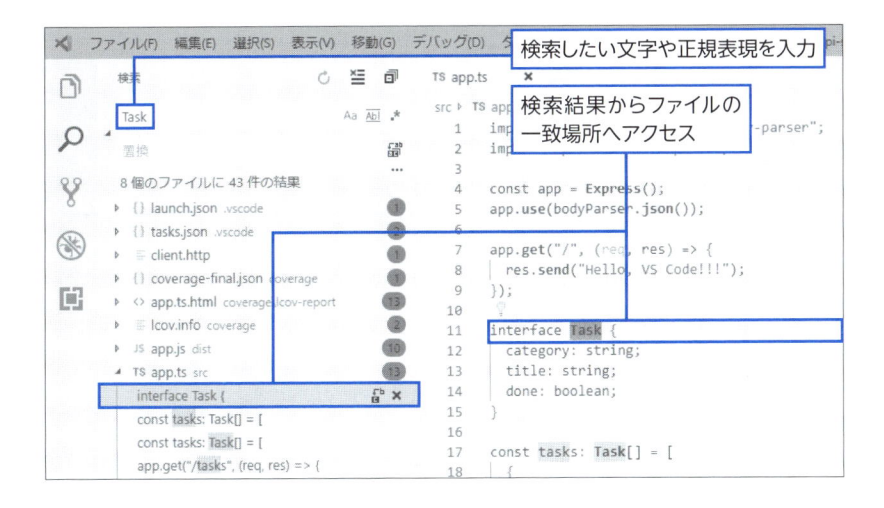

検索ビューの移動

検索ビューは、サイドバーからパネルに移動させることができます。場所の切り替えは、設定エディターの「Search: Location」から行えます。

含める・除外するファイル

検索する対象を限定したい場合は、「含めるファイル」にファイル名やファイル名の拡張子などを記述します。除外したい場合も同様です。

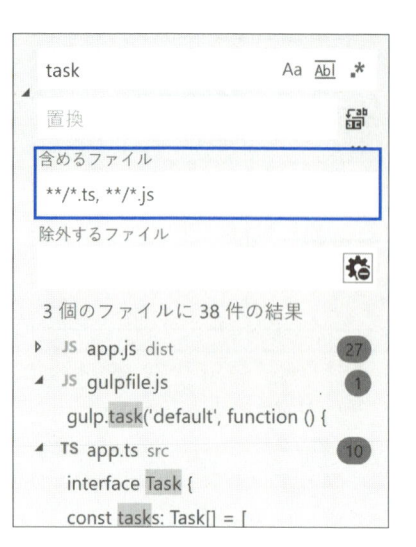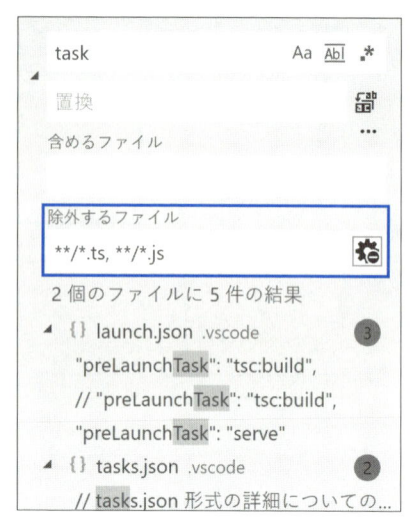

ソース管理ビュー

Gitに関する機能をVS Code上で使用することができます。拡張機能をインストールすることで、Git以外のソース管理システムを使用することも可能です。

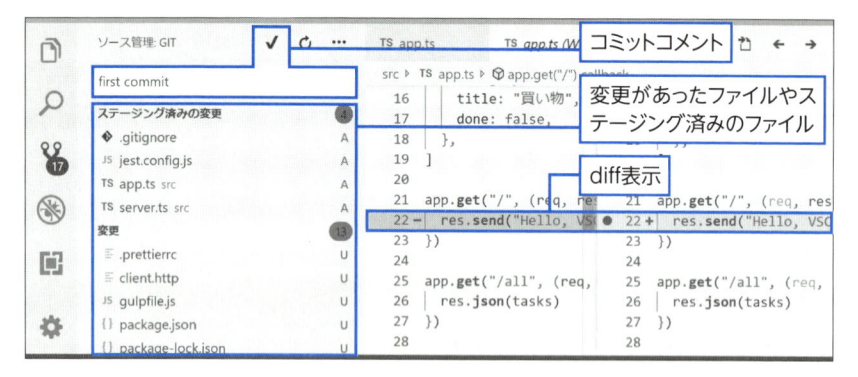

Gitを使用したソース管理については、本書の7章で詳しく説明します。

デバッグビュー

デバッガと連携し、ブレークポイントを使ったプログラムのステップ実行や、変数やコールスタックなどの表示が可能です。各プラットフォーム向けのデバッガは、拡張機能で追加できます。

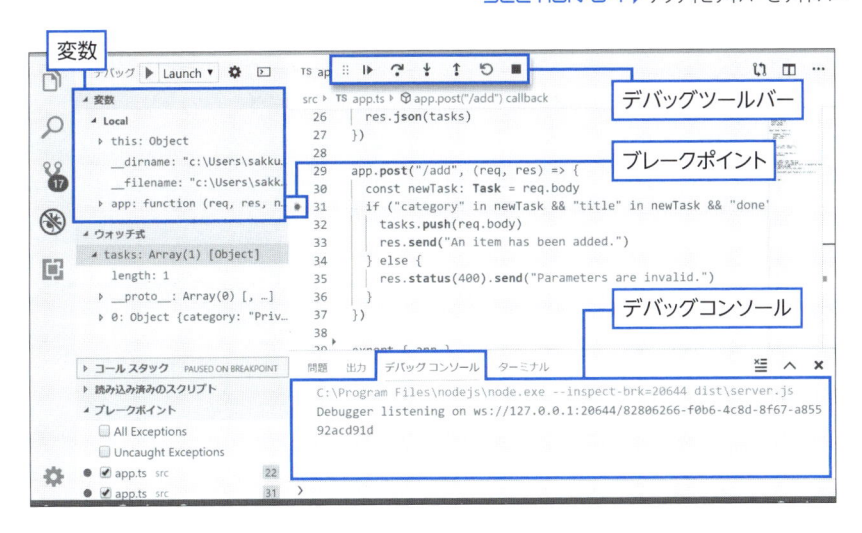

デバッグについては、本書の4章で詳しく説明します。

拡張機能ビュー

拡張機能のインストールや管理を行うことができます。

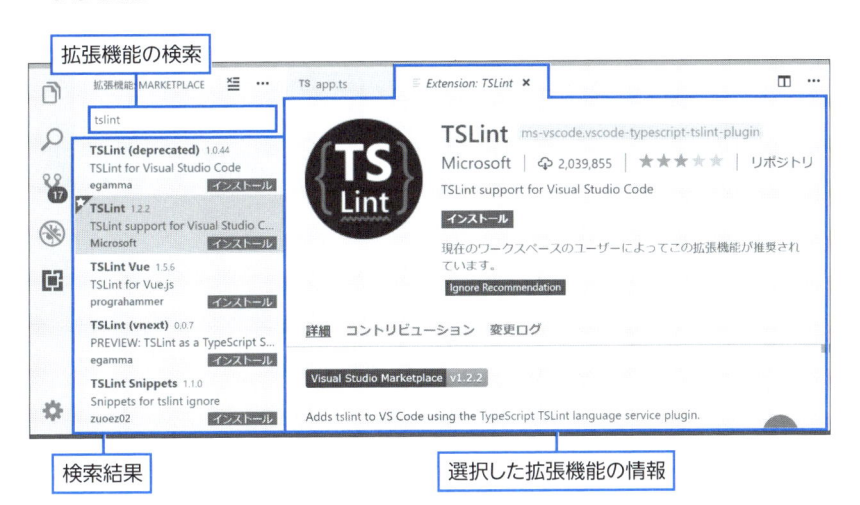

　拡張機能には、新しいコマンドを追加するものや、各開発言語用のインテリセンスやスニペット、デバッガを追加するものだけでなく、コンテナやAzureコマンドのようなVS Codeの外側の環境と連携するもの、VS Code自体のビジュアルを変えるテーマなども含まれます。

1

Visual Studio Codeをはじめよう

⋯メニューから、インストールされている拡張機能や、VS Codeにデフォルトでインストールされている拡張機能などの一覧を表示できます。

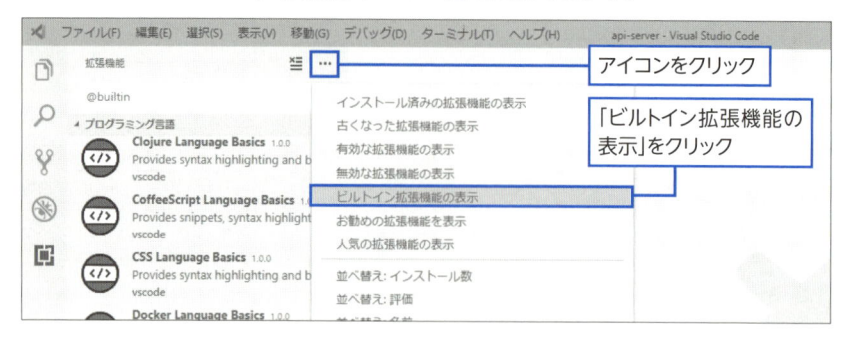

インストール済みの拡張機能をすべて無効・有効にするといった処理も可能です。

● 拡張機能のマーケットプレイス

拡張機能の検索やインストールは拡張機能ビュー以外に、Web上のマーケットプレイスからも行うことができます。

https://marketplace.visualstudio.com/vscode

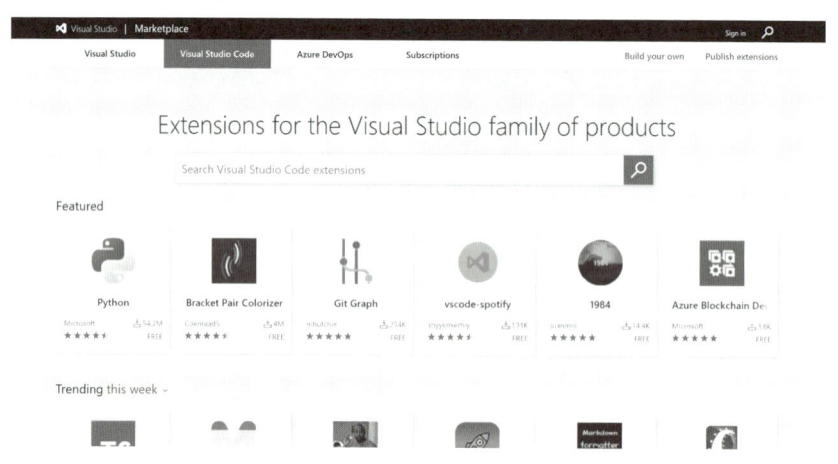

拡張機能のほとんどは、一般の開発者が作成し公開しているものです。さまざまな拡張機能の紹介は本書の8章、拡張機能の作成と公開方法については9章で扱います。

▣ 管理メニュー

　アクティビティバーの一番下にあるアイコンをクリックすると、コマンドパレットを開いたり、各種設定メニューにアクセスすることができます。また更新の確認も可能です。

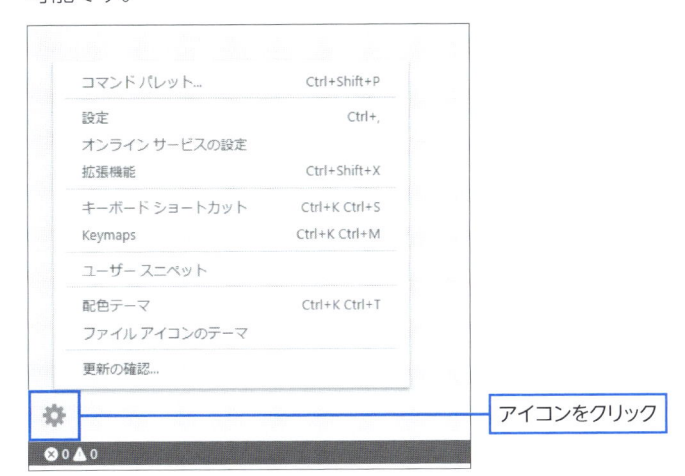

アイコンをクリック

エディターとエディターグループ

VS Codeは、複数のファイルを同時にエディターで開くことができます。開いたファイルはタブを使って管理します。

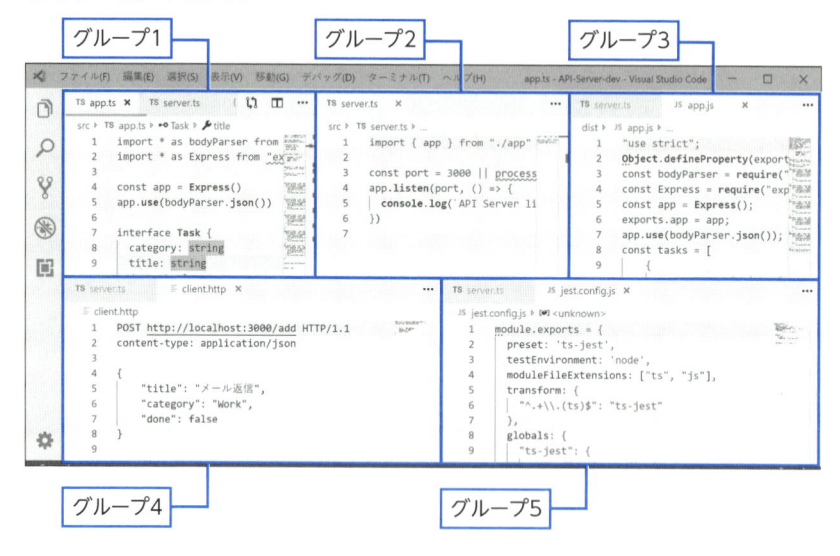

さらにVS Codeではエディターを縦横に分割し、複数のファイルを同時に表示させることができます。

各エディターの集まりをエディターグループと呼びます。上記はグループが5つある状態です。開かれたファイルは各グループでタブの形で扱われ、各グループは1つのファイルをアクティブにすることができます。

⊟ エディターを分割する

エディターを分割する方法として、「表示」→「エディターレイアウト」から選択する方法があります。

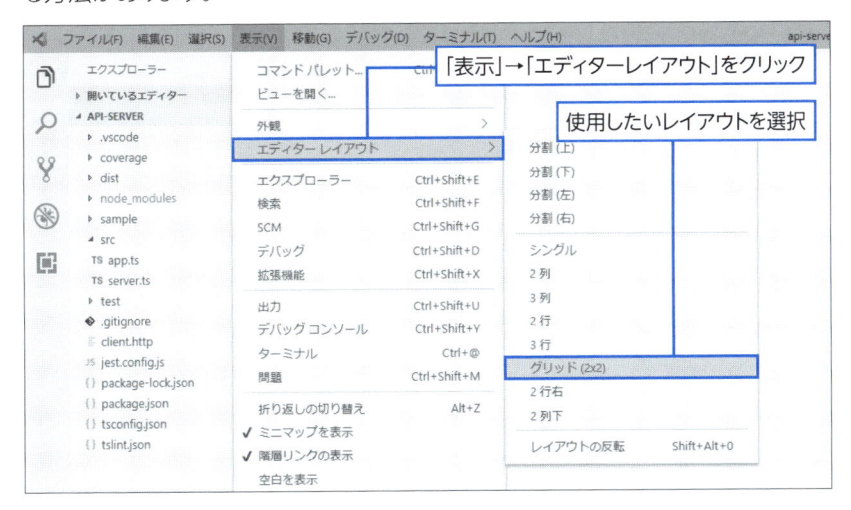

また、エディター右上の⊡アイコンをクリックするか、「Ctrl」+「\」で、現在アクティブなエディターを分割することができます。

エクスプローラービューでは、右クリックメニューの「横に並べて開く」や、「Alt」キーを押しながらファイル名をクリックすることで、新しいエディターグループを追加してファイルを開くことができます。

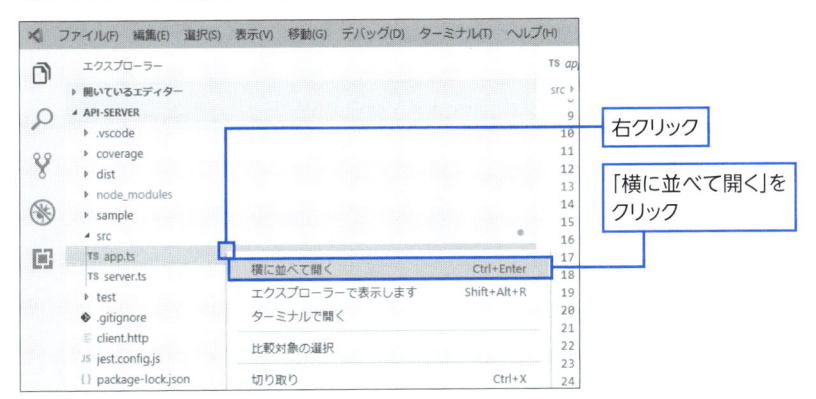

　クイックオープンを使用する際は、ファイルリストで「Ctrl」キーを押しながらファイルを選択することで、新しいエディターグループでファイルを開けます。

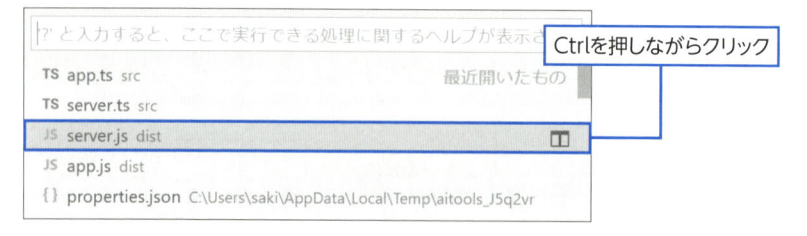

フォーカスするエディターの移動

　「Ctrl」と「PgUp(Fn+↑)」もしくは「PgDn(Fn+↓)」で、グループ内の左右のタブへ移動できます。(macOS は「command」+「option」と「←」もしくは「→」です。)

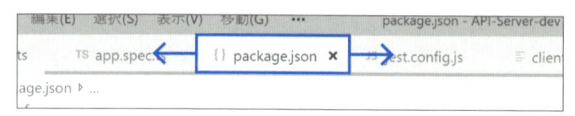

エディターグループの移動

　「Ctrl」+「K」→「Ctrl」と「↑」「↓」「←」「→」のいずれかで、上下左右のエディターグループに移動することができます。

　また、各エディターグループは「Ctrl」+「ナンバーキー」でフォーカスの移動ができます。たとえば「Ctrl」+「2」で、左から2番目のエディターがフォーカスされます。たとえば縦横に分割している場合は、以下のような順序になります。

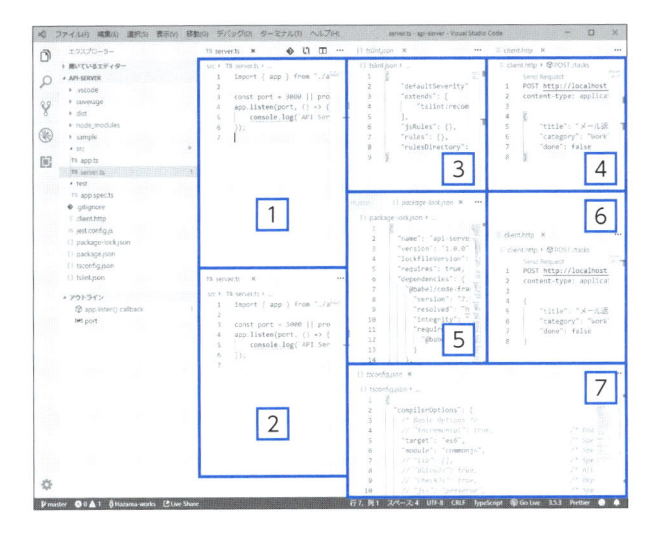

ミニマップ

デフォルトでは各エディターの右側にミニマップが表示され、ファイルを俯瞰して見ることができます。クリックするか、シャドーがかかった部分をドラッグすることで、ファイル内の移動を行えます。

```
 ▶ ▪ Task ▶ 🔧 title
t * as bodyParser from "body-parser"
t * as Express from "express"

 app = Express()
use(bodyParser.json())

face Task {
tegory: string
le: string
e: boolean
```

高速スクロール

「Alt」キーを押しながらスクロールをすると、通常の5倍の速さでスクロールすることができます。

パネル

パネルは問題パネル、出力パネル、デバッグコンソール、統合ターミナルから構成されます。設定によっては検索もパネルに追加できます。

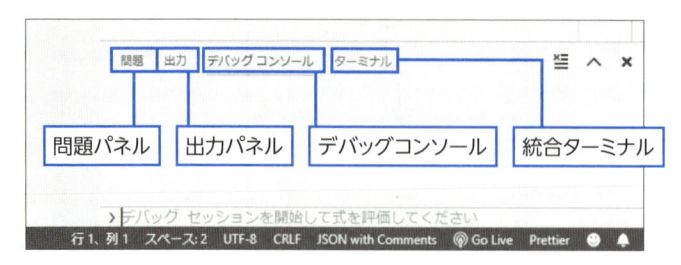

「Ctrl」+「J」でパネル表示のオンオフを切り替えることができます。

問題パネル

ワークスペースのソースコード内のエラーや警告を表示します。

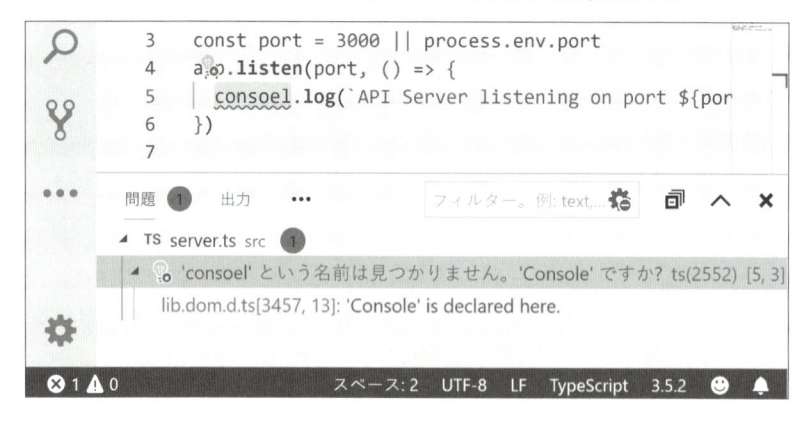

　エラーや警告を検知するためには、適切なソフトウェアや拡張機能がインストールされている必要があります。たとえば「C/C++」という拡張機能をインストールすることで、CやC++プログラムの問題を検出できるようになります。

出力パネル

Gitのログやタスクのログなど、VS Codeの機能や拡張機能の出力を確認で

きます。

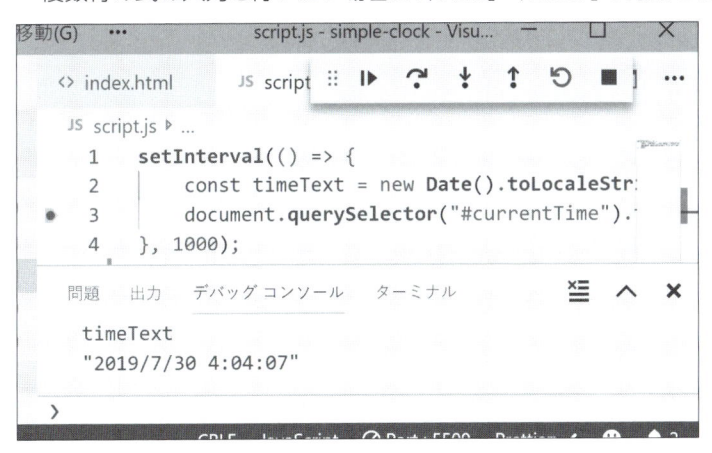

デバッグコンソール

デバッグセッションを実行している時に、コンソールとして使用することができます。たとえばJavaScriptのデバッグ時のconsole.logの出力の表示や、式の評価をここから行うことができます。

複数行の式の入力を行いたい場合は、「Shift」+「Enter」で行数を増やせます。

デバッグの方法については、本書の4章で詳しく説明します。

統合ターミナル

VS Codeはウィンドウ内でターミナルを開くことができます。npmやdockerなどコマンドラインツールを使う際に、アプリケーションを遷移せずに実行できる、とても便利な機能です。

表示／非表示の切り替えは「Ctrl」+「`」もしくは「Ctrl」+「@」です（macOSは「control」+「`」もしくは「control」+「@」）。

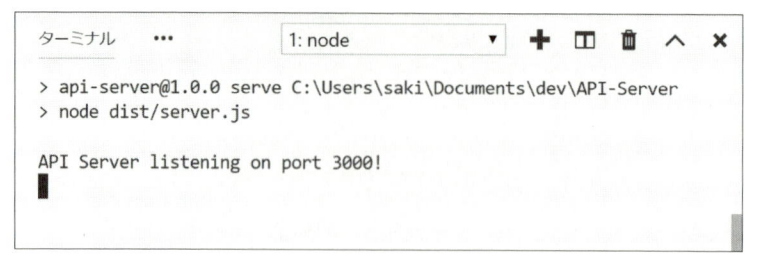

シェルはWindowsではPowerShell、macOSとLinuxでは/bin/bashがデフォルトで設定されています。使用するシェルは設定エディターから変更可能です。

シェルは複数開くことができます。□アイコンをクリックすると、1つのパネルを分割できます。

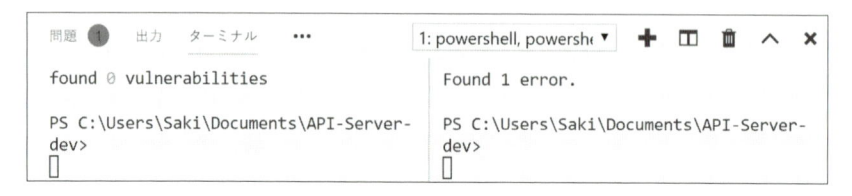

また、「新しいターミナル」アイコンや、「Ctrl」+「Shift」+「`」から新規ターミナルを開けます。開いたターミナルはプルダウンメニューから切り替えて表示できます。

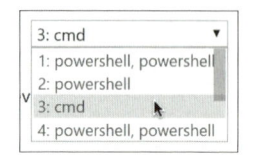

不必要になったターミナルは、🗑アイコンで終了できます。

1
Visual Studio Codeをはじめよう

ステータスバー

ステータスバーには、アクティブなファイルやワークスペースのさまざまな情報が表示されます。拡張機能で追加されるメニューや情報が多いのも、このコンポーネントです。

| ⊗ 1 ⚠ 0 | 行 5、列 9　スペース: 2　UTF-8　LF　TypeScript　3.5.2　☺　🔔 |

● 言語モードの表示と変更

アクティブなファイルがどの言語のファイルであるかを自動認識し、その結果を表示します。

| TypeScript | JavaScript | JSON | XML | Markdown |

クリックすると、言語モードを変更したり、言語固有の設定を行ったりできます。

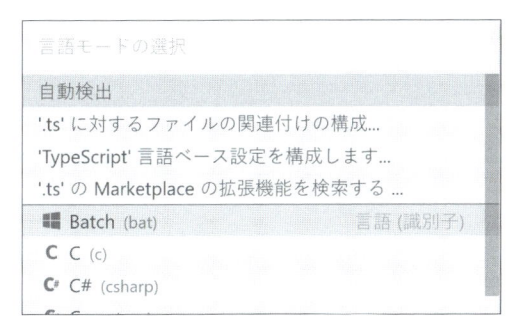

● インデントのサイズの表示と変更

使用するインデントのサイズを表示します。ファイルを読み込んだ場合は、デフォルトではインデントを自動認識するようになっているので、認識した結果のサイズを表示します。

| スペース: 2 | タブのサイズ: 4 |

サイズの表示をクリックすると、ファイルで使用するインデントのサイズ変更や、

既存のインデントの変換を行えます。

● **エラーや警告の数の表示と問題パネルのトグル**

ワークスペース全体のエラーや警告の数を表示します。問題がある場合、クリックすると問題パネルを開くことができます。

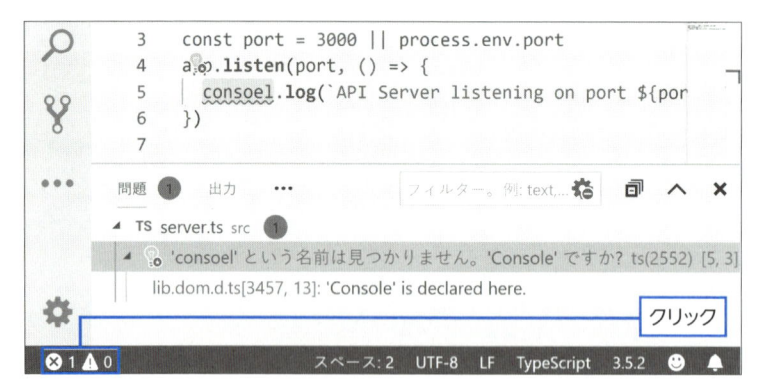

● **Gitのブランチ表示**

Gitの管理下にある場合、そのブランチ情報を表示します。

コマンドパレットと
ナビゲーション

ここではVS Codeを使用するうえで、非常に重要な機能であるコマンドパレットと、ファイル間の移動方法などを説明します。

🔳 コマンドパレット

VS Codeで提供されるほとんどの機能は、メニューなどからはアクセスできません。そこで使用するのがコマンドパレットです。VS Codeでユーザーが使用できるすべてのコマンドは、コマンドパレットから呼び出すことができます。

コマンドパレットは、「F1」キーもしくは「Ctrl」+「Shift」+「P」、または「表示」→「コマンドパレット」から呼び出せます。

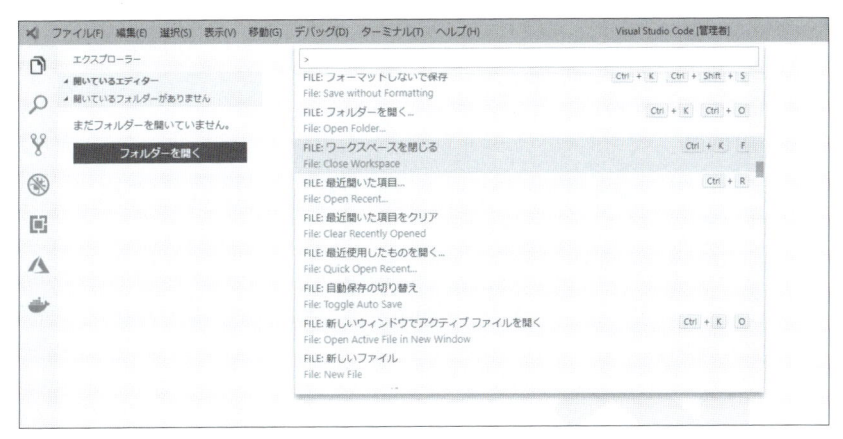

⬡ コマンドのフィルタリング

フィルタリングを使用することで、すばやく目的のコマンドにたどり着けます。コマンドパレットを開くと入力ボックスにフォーカスが当たっているので、呼び出したい機能の名前の一部や頭文字を入力しましょう。

たとえば「cdl[Enter]」と入力すると、「表示言語を構成する¦Configure Display Language」のコマンドが実行されます。

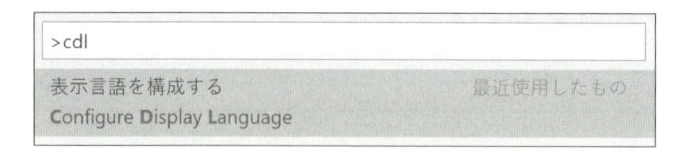

```
>cdl
表示言語を構成する                          最近使用したもの
Configure Display Language
```

「o[Space]u[Space]s[Enter]」では「基本設定: ユーザー設定を開く¦ Preferences: Open User Settings」になります。

```
>o u s
基本設定: ユーザー設定を開く
Preferences: Open User Settings
```

コマンドパレットは、VS Codeを使用するうえで必ず使用する機能です。キーボードショートカットを覚えておきましょう。

🔲 クイックオープン

現在のワークスペース内のファイルをすばやく開いたり、ほかのナビゲーション機能へ遷移したりできる機能がクイックオープンです。「Ctrl」+「P」でアクセスできます。

クイックオープンを開くと、直近でアクセスしたファイルの履歴が表示されます。「Enter」キーやクリックでファイルを選択すると、そのファイルが開かれてアクティブになります。

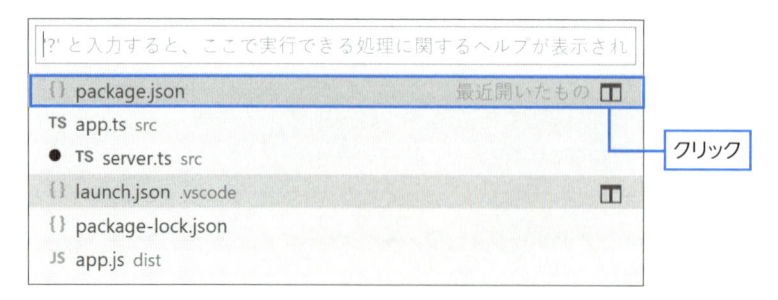

```
'?' と入力すると、ここで実行できる処理に関するヘルプが表示され
{} package.json                          最近開いたもの 🔳
TS app.ts  src
● TS server.ts  src                                    クリック
{} launch.json  .vscode                             🔳
{} package-lock.json
JS app.js  dist
```

クイックオープンでは、ファイル選択の際に「→」キーを使用することができ、その場合はバックグラウンドで複数のファイルを連続で開くことができます。

ファイル名の一部の文字列を入力することで、ワークスペース内のファイルを

Visual Studio Codeをはじめよう

1

フィルタした結果を表示できます。

```
app|
  TS app.ts src                              最近開いたもの 🔳
  JS app.js dist
  JS app.js.map  dist                           結果ファイル
  TS app.spec.ts test
```

◉ クイックオープンのヘルプ

　「?」を入力することで、各種ナビゲーション機能の案内を表示させることができます。

```
?
... ファイルに移動する                    グローバル コマンド
# ワークスペース内のシンボルへ移動
> コマンドの表示と実行
debug  デバッグ構成
edt  開いているエディターをすべて表示する
edt active  アクティブなグループ内のエディターを表示
```

🔲 任意の行に飛ぶ

　「Ctrl」+「G」、もしくはクイックオープンで「:」の後に行番号を入力すると、アクティブなエディターの指定行に飛ぶことができます。

```
TS app.ts    :70                                           kag
src ▶ TS a  70 行に移動します。
 66
 67        res.status(400).send("Parameters are invalid.")
 68      }
 69    })
 70    app.post("/add", (req, res) => {
 71      const newTask: Task = req.body
 72      if ("category" in newTask && "title" in newTask && "don
 73        tasks.push(req.body)
 74        res.send("An item has been added.")
```

ファイル内の任意のシンボルへ移動

「Ctrl」+「Shift」+「O」、もしくはクイックオープンで「@」を入力すると、アクティブなエディター内のシンボルに飛ぶことができます。また、「@」の後にシンボル名の一部を入力すると、フィルタされた結果が表示されます。

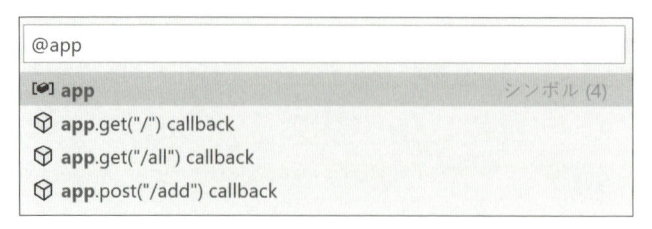

また、「@」の後にコロン「:」を入力することで、シンボルの一覧をカテゴリごとに分けて表示することができます。

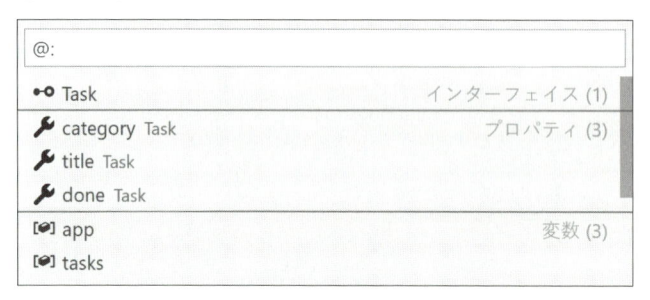

ワークスペース内の任意のシンボルへ移動

「Ctrl」+「T」、もしくはクイックオープンで「#」を入力すると、ワークスペース内の同じ言語モードのファイルのシンボルに飛ぶことができます。また、「#」の後にシンボル名の一部を入力すると、フィルタされた結果が表示されます。

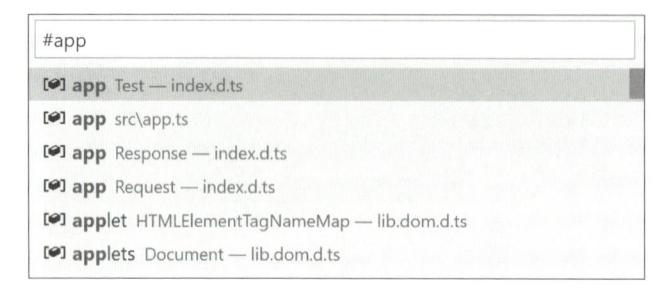

ヒストリからエディターグループ内のファイルに移動

「Ctrl」+「Tab」を押すと、ヒストリを開いて過去にフォーカスしたファイルにすばやくアクセスできます。

```
●  TS  server.ts  src
   TS  app.ts  src
   {}  package.json
   {}  launch.json  .vscode
   {}  package-lock.json
   JS  app.js  dist
```

エディターグループのファイル一覧が履歴順に表示されるので、「Tab」キーを押して選択し、「Ctrl」キーを離すと指定したファイルに移動できます。

そのほかのクイックオープンから可能なコマンド

ここまで解説したもの以外の、クイックオープンから実行可能なコマンドを紹介します。すべてコマンドの後に「Space」キーを押します。

入力	機能
debug	デバッグ構成の一覧
edt	開いているエディターの一覧
edt active	アクティブなグループ内の開いているエディターの一覧
ext	拡張機能ビューを開く
ext install <検索する拡張機能名>	拡張機能ビューを開き、検索する
task	タスクの一覧
term	ターミナルの一覧、新規ターミナルの作成
view	各種ビューやパネルの一覧

フォーカスするUIコンポーネントのタブ移動

「Ctrl」+「M」(macOSは「control」+「shift」+「M」)を押すと、ステータスバーに「タブによるフォーカスの移動」と表示されます。

タブによるフォーカスの移動

この状態で「Tab」や「Shift」+「Tab」を押すと、アクティビティバーやサイドバー、エディターグループのタブやパネルなどを移動することができます。この

モードを終了するには、再度「Ctrl」+「M」を押します。

CHAPTER

02

使ってみようVS Code (Markdown／HTML／ JS／CSS)

▶ **本章の概要** ◀

VS Codeではインテリセンスやフォーマッタ、Emmetといった
強力な開発支援機能を使用することができます。本章ではマーク
ダウンファイルの編集と簡単なWebアプリケーションの開発を通
して、VS Codeの基本機能と開発支援機能に触れていきます。

マークダウン文書を
書いてみよう

マークダウン文書の作成を通して、VS Codeの基本的な使い方をマスターしましょう。

Column　マークダウン

マークダウンとはプレーンテキストを簡易な記述で装飾する記法です。マークダウンで書かれた文書はパーサやコンバータを使用して、HTMLやePubなど多くの形式に変換することができます。ソフトウェアドキュメントやブログ、メモ書きなどさまざまな場面で使用されています。

VS Codeにはあらかじめマークダウン用の機能が組み込まれているので、リアルタイムプレビューなどの機能をすぐに使うことができます。

ウェルカムページを開く

VS Codeを起動した際は、以下のようなウェルカムページが表示されているはずです。

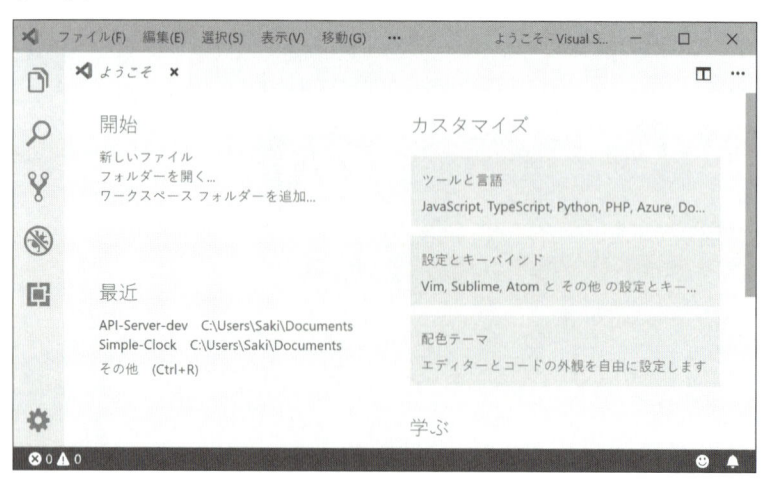

　最近使用したフォルダーやヘルプ、カスタマイズ用のメニューや学習コンテンツにアクセスできるようになっています。ウェルカムページは「ヘルプ」の「ようこそ」からも開けます。

❏ フォルダーを作成して開く

　まずは作業フォルダーを作成し、VS Codeで開いてみましょう。ウェルカムページの「フォルダーを開く」をクリックするか、「ファイル」メニューの「フォルダーを開く...」を選択します。

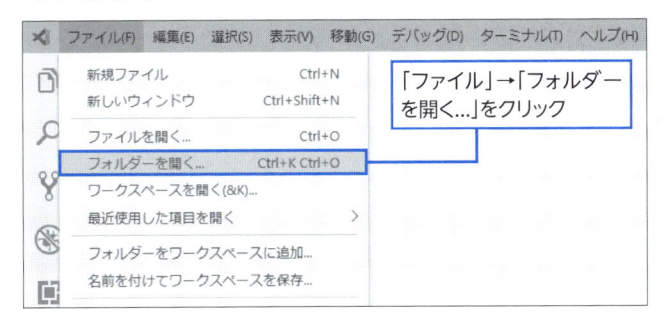

　エクスプローラー（macOSの場合はFinder）が起動するので、任意の場所に「vscode-works」というフォルダーを作成しましょう。

　作成したフォルダーを選択すると、VS Codeのウィンドウでフォルダーが開かれます。

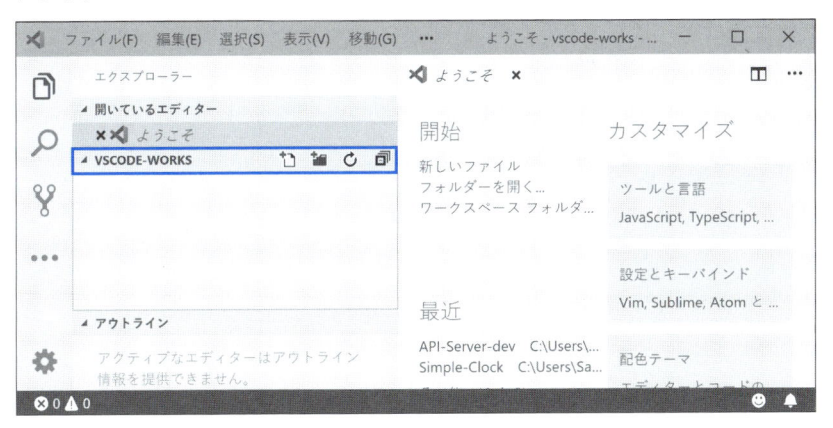

■ 新規ファイル作成

作成したフォルダーの中に、新しいファイルを作成してみましょう。

エクスプローラービューの🗋アイコンをクリックします。ファイル名を入力する必要があるので、「README.md」と名前をつけてください。

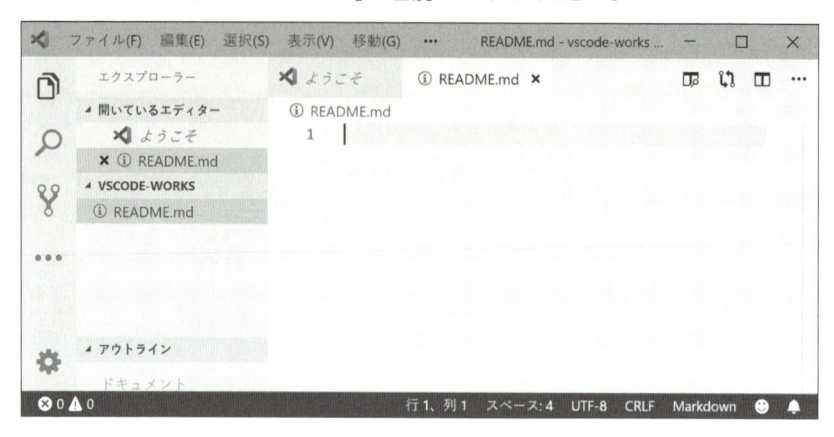

エディターで「README.md」が開かれました。

新規ファイルを作成するには、他にもウェルカムページの「新しいファイル」をクリックする、「ファイル」メニューの「新規ファイル」を選択する、キーボードショートカット「Ctrl」+「N」を利用するなどの方法があります。

■ マークダウンプレビューの表示

右側上方にある、🗐アイコンをクリックしてみましょう。

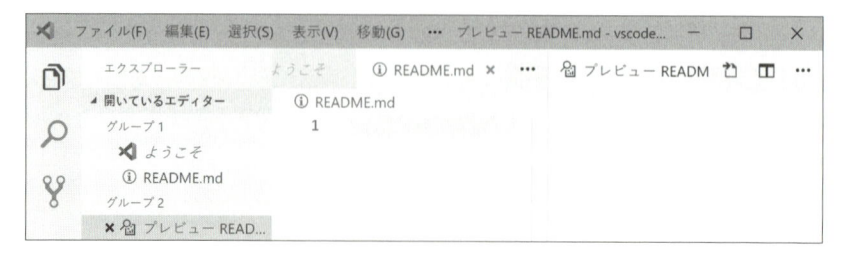

エディターが2つに分割されました。

Column サイドバーやパネルの表示・非表示

エディターで作業を行っている場合、サイドバーやパネルが邪魔になることもあるでしょう。サイドバーは「Ctrl」+「B」、パネルは「Ctrl」+「J」で表示・非表示を切り替えられます。

マークダウン文書の編集

README.mdに以下のようなマークダウン文書を打ち込んでみましょう。

```
# VSCode Works

## Development list


* README.md
* Simple Clock
* Todo application
  * API Server
    *  Tests
* My Extension
```

次のように、ほぼリアルタイムにプレビューが右側のタブに表示されるでしょう。また、左下のアウトラインビューにマークダウンファイルのアウトラインが表示されていることがわかります。

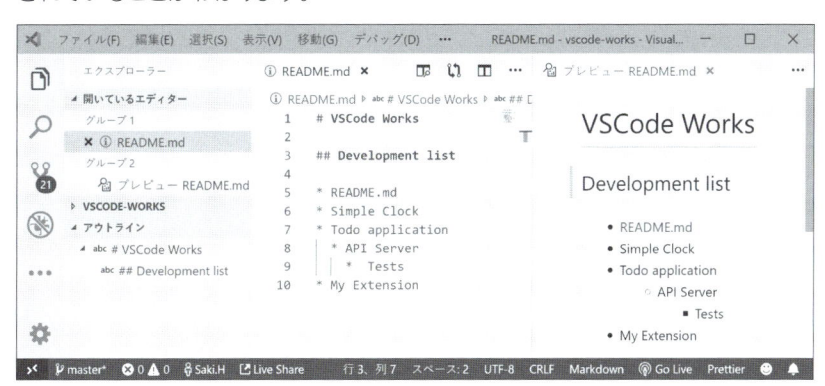

◪ ファイルの保存

　最後にファイルを保存しましょう。「Ctrl」+「S」か、「ファイル」メニューの「保存」を選択します。

◪ VS Codeの終了

　「ファイル」→「終了」からVS Codeを終了させましょう。すべてのウィンドウが閉じてVS Codeが終了します。

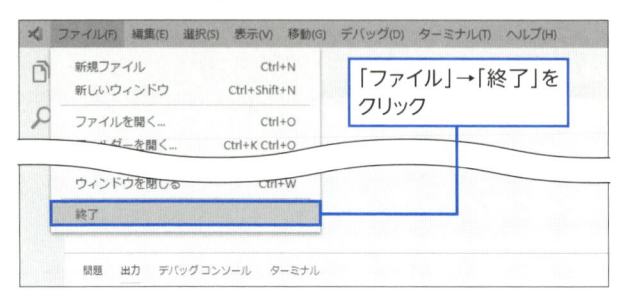

　「ウィンドウを閉じる」や ☒ ボタンは、アクティブなウィンドウのみを閉じます。

Column　ウィンドウの復元

　VS Codeは、デフォルトでは最後にアクティブだったウィンドウが次回起動時に開く設定になっています。復帰をしないで起動させたり、すべてのウィンドウを復帰させて起動させたりするには設定を変更します（6章参照）。

HTML／JS／CSSで Webアプリケーションを書こう

本節ではHTML／JavaScript／CSSを使って時計表示アプリケーションを作成しながら、VS Codeの基本的な開発支援機能について解説していきます。

⚙開発用フォルダーの作成とオープン

まず開発用のフォルダーを作成しましょう。前節で作成した「vscode-works」の直下に「simple-clock」というフォルダーを作成し、VS Codeで開きます。

⚙HTMLファイルの作成

まずはHTMLファイルから作り始めます。「index.html」をsimple-clockの直下に作成して、エディターで開きましょう。

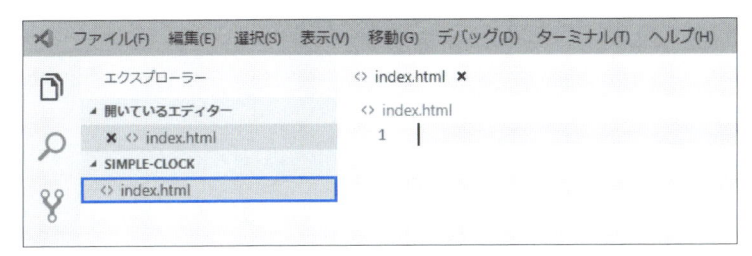

⚙Emmetで高速HTMLコーディング

Emmetとは、HTMLやCSSを少ない入力でコーディングするための拡張機能です。VS Codeにはあらかじめこの機能が組み込まれているので、さっそく使ってみましょう。

「index.html」に次のように入力します。「!」を入力した後、「Tab」キーを押します。

```
![Tab]
```

Emmetにより補完され、以下のようにHTML5の雛形が展開されます。

```
)  移動(G)  デバッグ(D)  ターミナル(T)  ヘルプ(H)        index.html - simple-clock - Visual Studio Code
‹› index.html ✕
‹› index.html ▸ ● html ▸ ● head ▸ ● meta
  1   <!DOCTYPE html>
  2   <html lang="en">
  3   <head>
  4       <meta charset="UTF-8">
  5       <meta name="viewport" content="width=device-width, initial-scale=1.0">
  6       <meta http-equiv="X-UA-Compatible" content="ie=edge">
  7       <title>Document</title>
  8   </head>
  9   <body>
 10       |
 11   </body>
 12   </html>
```

Column Emmet

　「![Tab]」以外にも、Emmetにはたくさんの構文が用意されています。たとえば次のような入力はどうなるでしょうか。

```
#app>h1+table#todoList>thead>tr>th*3[Tab]
```

　以下のようにtableが展開され、thタグが繰り返し入力されます。

```
<div id="app">
  <h1></h1>
  <table id="todoList">
    <thead>
      <tr>
        <th></th>
        <th></th>
        <th></th>
      </tr>
    </thead>
  </table>
</div>
```

　Emmetを使用することで、同じようなタイピングの繰り返しから解放されます。

　Emmetの詳しい構文については、公式サイト(https://docs.emmet.io/)などで確認できます。

⊡ 自動整形（オートフォーマット）

　「Alt」+「Shift」+「F」を押してみましょう。するとHTMLタグのインデントや改行が少し調整されたことがわかります。

```
<> index.html ●
<> index.html ▶ ...
    1   <!DOCTYPE html>
    2   <html lang="en">
    3   <head>
    4       <meta charset="UTF-
    5       <meta name="viewpor
    6       <meta http-equiv="X
    7       <title>Document</ti
    8   </head>
    9   <body>
   10
   11   </body>
   12   </html>
```

「Alt」+「Shift」+「F」を入力

```
<> index.html ▶ ● html
    1   <!DOCTYPE html>
    2   <html lang="en">
    3
    4   <head>
    5       <meta charset="UTF-
    6       <meta name="viewpor
    7       <meta http-equiv="X
    8       <title>Document</ti
    9   </head>
   10
   11   <body>
   12   |
   13   </body>
   14
   15   </html>
```

インデントや改行が自動調整される

　VS Codeには、デフォルトでHTML用のフォーマッタが組み込まれているので、このように整形を行うことができます。

Column　フォーマッタ

　フォーマッタはソースコードの自動整形ツールです。インデントやスペースの数が指定と異なる場合や、一行が一定の長さを超えた場合などに自動で整形を行ってくれます。さまざまな言語やエディターに対応できるPrettierというフォーマッタが有名です。

　VS CodeにはHTML、JSON、JavaScript、TypeScriptに対応したフォーマッタが組み込まれているので、「Shift」+「Alt」+「F」でファイル全体をフォーマットすることができます。また「Format On Save」や「Format On Paste」などの設定が有効になっていると、保存時やペースト時にフォーマットが行われます。

　拡張機能から、別のフォーマッタを追加することも可能です。Prettierの導入に関しては、3章で扱います。

◖Live Serverでリアルタイムプレビュー

プレビューを表示しながら開発を進めるために、「Live Server」という拡張機能をインストールしましょう。

ステータスバーに「Go Live」という表示が追加されます。

早速「index.html」のリアルタイムプレビューを表示してみましょう。「Go Live」をクリックすると、Webブラウザで「http://127.0.0.1:5500/index.html」が開きます。

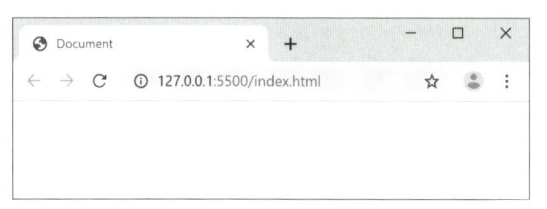

現在はHTMLのbodyが空のため、まっさらな表示になっています。Live Serverは保存を検知するので、HTMLファイルやJavaScriptファイルを更新して保存すると、即座にブラウザ上に反映されます。このようなリアルタイムプレビューが可能なツールを使用すると、開発がスムーズに進められます。

◖Emmetを使用してHTMLタグを簡単入力

「index.html」の<body></body>の間に、いくつかタグを追加してみましょう。まずはアプリの名前です。「h1」を入力後に「Tab」を押し、さらに「Simple Clock」と入力します。

```
h1[Tab]Simple Clock
```

以下のように展開されます。

```
<h1>Simple Clock</h1>
```

さらにその下に<div>タグを追加します。「カーソルの下に行を追加して移動する」際は「Ctrl」+「Enter」を使用すると便利です。

```
div#currentTime[Tab]
```

currentTimeというidの<div>要素が追加されます。

```
<div id="currentTime"></div>
```

続いて、JavaScriptファイルを読み込ませるためのタグを追加しましょう。<div>タグの下に<script>タグを追加します。これもEmmetのおかげで、「scr」まで入力すれば、候補から展開できます。

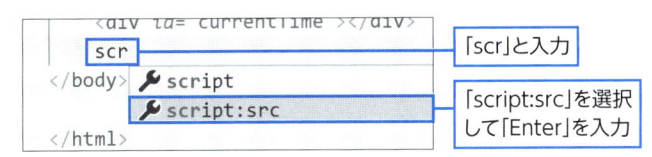

ファイル名は「script.js」とします。

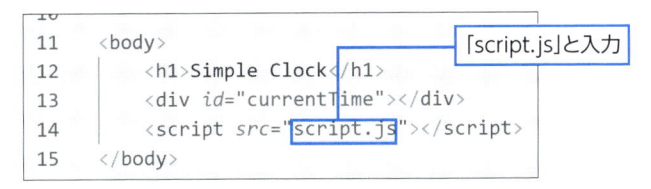

ここまでで、ブラウザの表示は以下のようになっているでしょう。

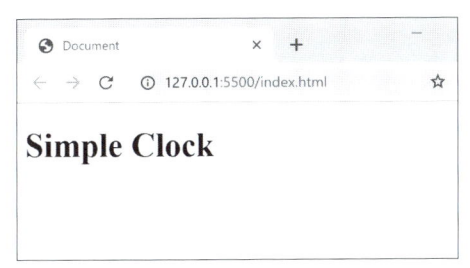

クリックでファイル作成、またはファイルを開く

VS Codeでは「Ctrl」キーを押しながらソースコード内のファイルリンクをクリックすると、そのファイルをエディターで開くことができます。ファイルが存在しない場合はポップアップが表示され、ファイルを作成できます。

「Ctrl」キーを押しながら、<script>タグ内の「script.js」をクリックしてみましょう。ポップアップが表示されるので、「ファイルの作成」をクリックして「script.js」を作成します。

スニペットを追加して簡単入力

拡張機能からJavaScript用のスニペットを追加します。「JavaScript standardjs styled snippets」という拡張機能をインストールしましょう。

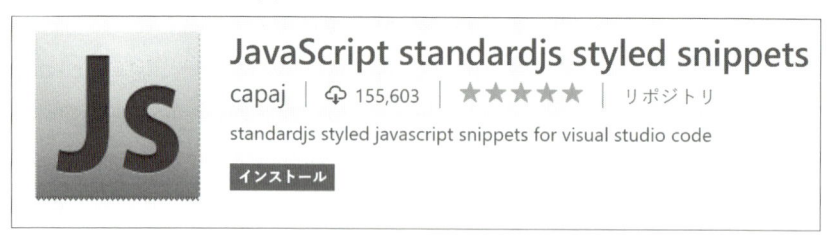

スニペットを追加するタイプの拡張機能は、インストールするとコーディング時に新たな入力候補を使用できるようになります。

インストール後に、script.jsで「si」と入力してみましょう。

使ってみようVS Code（Markdown/HTML/JS/CSS）

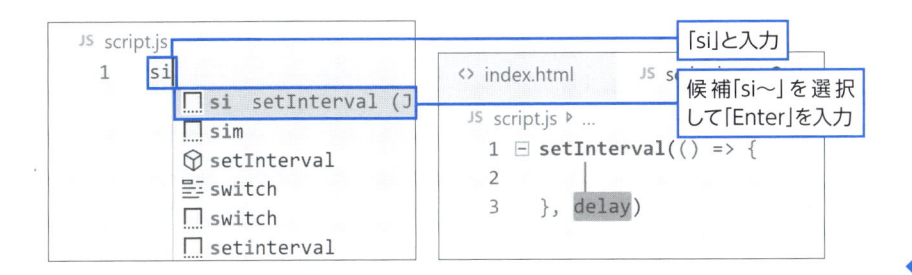

setIntervalメソッドが補完されます。delayの位置にカーソルが移動するので、そのまま「1000」と入力します。

Column **スニペット**

スニペットとはコードの断片を簡単に呼び出すエディターの機能です。たとえばエディターで

```
cl[Tab]
```

と入力すると、

```
console.log()
```

と展開されます。カーソルは「()」の間に移動するので、すぐに入力を続けることが可能です。

VS Codeにはユーザースニペットという機能があり、自分で各言語に応じたスニペットを登録することができます。ユーザースニペットについては6章で解説します。また、拡張機能でスニペットを追加することもできます。

インテリセンスで快適コーディング

VS Codeはあらかじめインテリセンスが組み込まれており、コーディング中に自動で入力候補やメソッドの仕様などを表示してくれます。

下記のようにsetIntervalメソッド内にコードを追加しましょう。インテリセンスが効くので、実際はすべてをタイプする必要はありません。

```
setInterval(() => {
  const timeText = new Date().toLocaleString("ja-JP");
  document.querySelector("#currentTime").textContent = timeText;
}, 1000);
```

setIntervalで1000ミリ秒（＝1秒）おきに時刻のテキストを書き換えています。コードをすべて追加し保存した後は、ブラウザのプレビューで、以下のように時刻が表示されるでしょう。

コメントアウト・アンコメント

カーソルがある行、もしくは選択している行をコメントにするには「Ctrl」+「/」を押します。既にコメントになっている部分をアンコメントにするのも同じキーです。

```
JS script.js ▶ ⊗ setInterval() callback
1    setInterval(() => {
2        const timeText = new Date().toLocaleString("ja-JP")
3        document.querySelector("#currentTime").textContent = timeText;
4        // console.log(timeText);
5    }, 1000);
```

```
JS script.js ▶ ...
1    setInterval(() => {
2        const timeText = new Date().toLocaleString("ja-JP")
3        document.querySelector("#currentTime").textContent = timeText;
4        console.log(timeText);
5    }, 1000);
```

> **Column** インテリセンス（IntelliSense）
>
> インテリセンスは、ユーザーの入力に応じてその時使用できる関数や変数の入力補完、関数の仕様や引数リストの表示などを行う、エディターの機能です。スニペットも、インテリセンスの入力候補の1つです。
>
> たとえばJavaScriptファイルを編集中に「c」と入力すると、下記のようにたくさんの入力候補が提示されます。
>
> ```
> c
>   □c  const statement (JavaScript standardjs styled… ⓘ
>   [◉] caches
>   ♡ cancelAnimationFrame
>   ♡ captureEvents
>   ☰ case
>   ☰ catch
> ```
>
> 入力を進めると、入力候補も絞られていきます。また、インテリセンスでは関数の仕様や引数の候補なども表示します。
>
> ```
> :ring()
>        toLocaleDateString(locales?: string | string[],
>        options?: Intl.DateTimeFormatOptions): string
>
>        A locale string or array of locale strings that contain one or more
>        language or locale tags. If you include more than one locale string,
>        list them in descending order of priority so that the first entry is the
> ```
>
> VS Codeでは入力中に自動的に入力候補が表示されますが、カーソルを移動した際などに強制的に候補を表示させたい場合は「Ctrl」+「Space」を入力します。関数の仕様や引数を表示させたい場合は「Ctrl」+「Shift」+「Space」です。

⊡ ソースコードを色分けするシンタックスハイライト

作成したscript.jsを見ると、シンタックスハイライトでコードが着色表示されていることがわかります。

```
JS script.js ▶ ...
1    setInterval(() => {
2        const timeText = new Date().toLocaleString("ja-JP");
3        document.querySelector("#currentTime").textContent = timeText;
4    }, 1000);
```

2
使ってみようVS Code（Markdown/HTML／JS／CSS）

> **Column　シンタックスハイライト**
>
> 　ソースコードの一部を、構文上の規則や予約語、特定のキーワードの意味や種類に応じて色分けしたり、強調表示したりするエディターの機能です。
> 　VS Codeではいくつかの言語のシンタックスハイライト機能が組み込まれているほか、拡張機能によって各言語向けのシンタックスハイライトを追加することができます。

■ CSSもインテリセンスで一発入力

最後に、CSSを使って見た目を少し変えてみましょう。

「index.html」に戻り、<head></head>内に<link>タグを追加します。「link」と入力し、「link:css」を選択すると、簡単に入力できます。

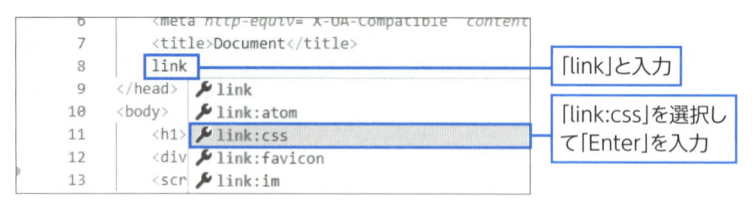

ついでに<title>も変更しておきましょう。

```
<head>
  [省略]
  <title>Simple Clock</title>
  <link rel="stylesheet" href="style.css">
</head>
```

「Ctrl」+クリックで「style.css」を作成し、下記のようにCSSプロパティを追加します。

```css
body{
    font-family: 'Courier New', Courier, monospace;
}

#currentTime{
    font-size: 30px;
}
```

CSSのプロパティや値は、入力補完が可能です。

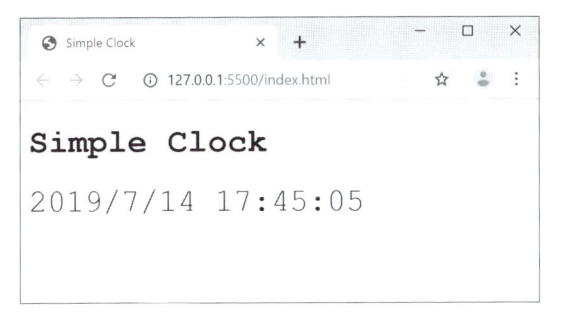

「fo」と入力

「font-family」を選択して「Enterを入力」

「font-family:」と入力され候補が表示される

ブラウザ上の見た目が変わり、以下のような表示になっていればアプリの完成です。

コーディング系の便利機能

　マルチカーソルや、矩形選択、フォルディングなど、コーディングする際に便利な機能やTipsを紹介します。いくつかの機能は「ヘルプ」→「対話型プレイグラウンド」で解説付きで機能を試すことができます。

▣上下に行を挿入して移動

　「Ctrl」+「Enter」で、カーソルの下に行を追加した上でカーソルを移動させることができます。「Ctrl」+「Shift」+「Enter」では、カーソルの上に行を追加します。

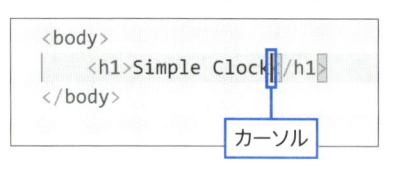 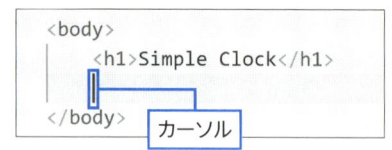

▣ファイルの先頭や末尾に移動

　「Ctrl」+「Home」と「Ctrl」+「End」で、ファイルの先頭と末尾に移動できます(macOSの場合は「command」と「↑」もしくは「↓」です)。

▣マルチカーソル

　カーソルを増やし、同時に複数箇所の編集を行うことができます。
　マウスの場合は、「Alt」キーを押しながらクリックします。クリックした箇所にカーソルが増え、すべてのカーソルで同じ文字列の挿入や削除が可能になります。

```
<body>
    <h1>Simple Clock</h1>
    <div id="currentTime"></di
    <script src="script.js"></
</body>
```

```
<body>
    multicursor<h1>Simple Cloc
    multicursor<div id="curren
    multicursor<script src="sc
</body>
```

　キーボードで操作を行う場合は、「Alt」+「Ctrl」と「↑」もしくは「↓」で、カーソルを上下の行に増やせます。

▣ 矩形(Box)選択

ボックスの形で文字列を選択することができます。

マウスの場合は、「Alt」+「Shift」とクリックで矩形を選択できます。

```
<body>
    ]multi.cursor<h1>Simple Clock</h1>
    multi.cursor<div id="currentTime"></div>
    multi.cursor<script src="script.js"></script>
</body>
```

キーボードの場合は、「Ctrl」+「Alt」+「Shift」と「↑」「↓」「←」「→」のいずれかで領域選択が可能です。

▣ 同じ文字列の選択

タブ内の同じ文字列を同時に選択することができます。

任意の文字列を選択し「Ctrl」+「Shift」+「L」を押してみましょう。同じタブ内の同じ文字列が選択されます。

```
app.get("/all", (req, res) =>
  res.json(tasks)
})
                    「Ctrl」+「Shift」+「L」を入力
a.p.post("/add", (req, res) =>
  const newTask: Task = req.bo
  if ("category" in newTask &&
    tasks.push(req.body)
    res.send("An item has been
```

```
app.get("/all", (req, res) =>
  res.json(tasks)
})

a.p.post("/add", (req, res) =
  const newTask: Task = req.bo
  if ("category" in newTask &&
    tasks.push(req.body)
    res.send("An item has been
```

▣ カーソル位置のアンドゥ

カーソルの移動や追加をした際に、「Ctrl」+「U」でその操作を元に戻すことができます。

▣ 行全体の選択

「Ctrl」+「L」で、カーソルがある行や選択した行を先頭から末尾まで選択することができます。

```
setInterval(() => {
    const timeText = new Date().toLocaleString('ja-JP');
    document.querySelector("#currentTime").textContent =
}, 1000);
```

```
setInterval(() => {
    const timeText = new Date().toLocaleString("ja-JP");
    document.querySelector("#currentTime").textContent = timeText;
}, 1000);
```

行全体のコピーとカット

　任意の場所にカーソルを移動し、文字列を選択していない状態で「Ctrl」+「C」を押すと、行全体がコピーされます。「Ctrl」+「X」の場合は行の削除とコピーが同時に行われます。

行や選択部分の上下移動

　カーソルがある行や、選択部分がある行を上下に移動することができます。
　任意の行にカーソルを移動、もしくは選択をしてから「Alt」と「↑」もしくは「↓」を押してみましょう。まとめて上下に移動することができます。

```
setInterval(() => {
    const timeText = new Date(
    document.querySelector("#c
}, 1000);
```

```
setInterval(() => {
    const timeText = new Date(
}, 1000);
document.querySelector("#curre
```

行や選択部分をコピーして上下に挿入

　カーソルがある行や、選択部分がある行をコピーし、上下の行に挿入することができます。
　任意の行にカーソルを移動、もしくは選択をしてから「Alt」+「Shift」と「↑」もしくは「↓」を押してみましょう。コピー&ペーストよりも短い動作で済むので、同じようなコードを連続で書く場合に便利です。

```
ript.js ▶ ⬡ setInterval() callback
  setInterval(() => {
      const timeText = new Date(
      document.querySelector("#c
}, 1000);
```

```
ript.js ▶ ⬡ setInterval() callback
  setInterval(() => {
      const timeText = new Date(
      document.querySelector("#c
      document.querySelector("#c
      document.querySelector("#c
      document.querySelector("#c
}, 1000);
```

🔲 選択行の削除

選択部分がある行の内容を削除することができます。

任意の部分を選択してから、「Ctrl」+「Shift」+「K」を押しましょう。「Delete」キーは選択部分のみの削除ですが、このコマンドでは行全体を削除します。

```
  setInterval(() => {
      const timeText = new Date(
      document.querySelector("#c
      document.querySelector("#c
      document.querySelector("#c
      document.querySelector("#c
}, 1000);
```

```
  setInterval(() => {
      const timeText = new Date(
      document.querySelector("#c
}, 1000);
```

🔲 コードをたたむ（フォルディング）

以下のようなコードを書いているときに、「Ctrl」+「Shift」+「[」を押すか、もしくはコードの左側にある[-]アイコンを押すことで、コードをたたんで表示できます（macOSでは「command」+「option」+「[」です）。

```
  setInterval(() => {
      const timeText = new Date(
      document.querySelector("#c
}, 1000);
```

```
⊞ setInterval(() => { …
  }, 1000);
```

戻すには「Ctrl」+「Shift」+「]」を押すか、コードの左側にある[+]を押します（macOSでは「command」+「option」+「]」です）。

ファイル全体を再帰的にたたむ場合は「Ctrl」+「K」、「Ctrl」+「0」、すべて開く場合は「Ctrl」+「K」、「Ctrl」+「J」を押します。

🔲 選択箇所の拡大と縮小

選択している部分を広くしたり狭くする処理を、キーボードショートカットから行うことができます。

拡大は「Alt」+「Shift」+「→」、縮小は「Alt」+「Shift」+「←」です（macOSでは「control」+「command」+「shift」と「←」もしくは「→」です）。

```javascript
setInterval(() => {
    const timeText = new Date().toLocaleString("ja-JP");
    document.querySelector("#currentTime").textContent = timeText;
}, 1000);
```

```javascript
setInterval(() => {
    const timeText = new Date().toLocaleString('ja-JP');
    document.querySelector("#currentTime").textContent = timeText;
}, 1000);
```

Column　プロセスエクスプローラー

「ヘルプ」→「プロセスエクスプローラーを開く」から、VS Codeで使用しているプロセスの一覧を確認できます。

CPU %	メモリ (MB)	PID	名前
◢ LOCAL			
2	118	10508	code main
0	148	5004	window (main.py - dev-container [Dev Container: Python 3] - Visual Studio Code)
0	58	13944	extensionHost
0	7	448	winpty-process
0	12	13216	console-window-host (Windows internal process)
0	7	2400	winpty-process

コンテキストメニューからプロセスを終了させることが可能です。

CPU %	メモリ (MB)	PID	名前
◢ LOCAL			
1	119	10508	code main
0	148	5004	window (main.py - dev-container [Dev Container: Python 3] - Visual Studio Code)
0	58	13944	exte
0	7	448	w
0	12	13216	st (Windows internal process)
0	7	2400	w

プロセスの終了
プロセスの強制終了
コピー
すべてコピー

CHAPTER 03

VS Codeでプログラミング(TypeScript／Node.js)

▶ 本章の概要 ◀

本章では簡単なAPIサーバーの開発を通して、統合ターミナルを使用し各種CLIツールと連携して開発する方法を紹介します。定義や参照の表示といった便利な開発支援機能の解説や、Lintやフォーマッタの導入、テストコードの追加なども行います。

TypeScript／Node.jsで APIサーバーを書こう

本節ではHTTPリクエストを受信するとJSONを返すシンプルなAPIサーバーを書いていきます。言語はTypeScript、実行環境はNode.js、フレームワークにExpressを使用します。

統合ターミナルを何度も使用します。キーボードショートカットはキーボードやIMEの設定にもよりますが、「Ctrl」+「`」もしくは「Ctrl」+「@」（macOSでも「control」+「`」もしくは「control」+「@」）です。覚えておくと便利でしょう。

■TypeScriptとは

TypeScriptはマイクロソフトによって開発されているプログラミング言語の1つです。WebブラウザやNode.jsといったJavaScript環境用のアプリケーション開発に利用されます。

TypeScript

TypeScriptは静的型付けや継承、インターフェイスといった機能を加えたJavaScriptのスーパーセットになっています。JavaScriptのプログラムはTypeScriptとしても正しいコードです。

TypeScriptで書かれたプログラムは、そのままではJavaScriptの実行環境では動かせないので、コンパイラを使用してJavaScriptのプログラムに変換します。このようなコンパイラはトランスパイラとも呼ばれます。

■Node.jsとは

JavaScriptは、もともとWebブラウザ上で動作するように作られたプログラミング言語でした。現在もWebアプリケーションのクライアント側を実装するのに用いられます。

Node.jsとは、JavaScriptをwebブラウザ以外で使用するために開発された JavaScript実行環境です。アプリケーションのサーバー側のシステムの実装や、 デスクトップアプリケーションの開発などに使用されます。また、webpackや Babel、TypeScriptコンパイラなど、Web系の開発で使用するコマンドライン ツールの実行環境としても利用されています。

Node.jsのパッケージマネージャには、npmやyarnがあります。

● Expressとは

ExpressはNode.js用のWebアプリケーション開発フレームワークです。 RESTのAPIサーバーなどを簡単に記述することができます。

Node.jsとnpmのインストール

まずはNode.jsとnpmをインストールします。Node.jsの公式サイトにアクセ し、プラットフォームに対応したインストーラをダウンロードしてください（Node. jsのインストーラにnpmも同梱されています）。

本書では、2019年7月時点で最新版としてダウンロードできるバージョン 12.6.0を使用します。

https://nodejs.org/ja/

ダウンロード後、指示に従ってインストールを行ってください。なお、必須では ありませんがnvmやnodebrewなどのツールを使用すると、複数バージョンの Node.js環境を切り替えて使用できるようになります。

インストール後、以下のようにnodeコマンド、npmコマンドが使用できること

を確認してください。

```
> node -v
v12.6.0
> npm -v
6.9.0
```

フォルダーの作成

vscode-worksの直下に「api-server」というフォルダーを作成し、VS Code
で開きましょう。

ターミナルから行う場合は、以下のようなコマンドを実行します。

```
> mkdir api-server
> code api-server
```

package.jsonの作成

まずはNode.jsプロジェクトの構成ファイルの初期化を行います。下記のよう
に統合ターミナルに入力しましょう。

```
> npm init -y
```

ワークスペースのルートにpackage.jsonというファイルが作成されます。
package.jsonにはプロジェクト（パッケージ）の名前やバージョンなどのメタ情
報、依存するパッケージの一覧、シェルコマンドのエイリアスなどを記述できます。

TypeScriptコンパイラのインストール

TypeScriptコンパイラをプロジェクト配下にインストールします。

```
> npm install typescript
```

下記のように、コンパイルを実行するtscコマンドが使用できることを確認して
ください。npxはローカルにインストールしたnpmパッケージを実行するコマンド
で、バージョン5.2.0以上のnpmにバンドルされています。

```
> npx tsc --version

Version 3.5.3
```

　npmパッケージをローカルにインストールすると、package.jsonに下記のような記述が追加されます。

```
"dependencies": {

  "typescript": "^3.5.3"

}
```

　npmパッケージを初めてインストールすると、package-lock.jsonというファイルも生成されます。これは依存するnpmパッケージのバージョン情報を正確に記録するためのファイルです。

Expressと型定義ファイルのインストール

　Expressをプロジェクト配下にインストールします。iはinstallのエイリアスです。

```
> npm i express @types/express
```

　@types/expressはExpressの型定義ファイルです。

> ### Column　型定義ファイル
>
> 　型定義ファイルとは、TypeScriptコンパイラやエディターに、パッケージ内のAPIの型の情報を知らせるためのファイルです。VS Codeは型定義ファイルを自動で読み込むので、TypeScriptプログラムをコーディングする際、読み込んだモジュールの引数やメソッドの補完を行うことができます。

TypeScriptプログラムのコーディング

プログラム本体のコーディングをはじめます。srcフォルダーを作成し、app.ts
を作成し、エディターで開きます。

ステータスバーの言語モード表示がTypeScriptになり、バージョンが表示され
ます。VS Codeのバージョンによって、表示されるバージョンも変わります。

UTF-8　CRLF　TypeScript　3.5.2　😊　🔔

TypeScript言語サービスの切り替え

VS Codeには最新かつ安定バージョンのTypeScriptの言語サービスが同梱
されています。このおかげで、TypeScriptコンパイラやTSLintなどをインストー
ルしていない状態でも、入力が補完されエラーや警告を発見することができます。

しかし、今回はワークスペースにインストールしたTypeScriptの言語サービス
を使用したいので、同梱版から切り替えてみましょう。

ステータスバーに表示されているのが、使用しているTypeScriptの言語サー
ビスのバージョンです。ワークスペースやグローバルに他のTypeScriptがインス
トールされている場合、バージョンの値をクリックすると、使用するバージョンを
選択できます。

JavaScript および TypeScript 言語の機能に使用する TypeScript バージョ：

• VS Code のバージョンを使用　3.5.2

ワークスペースのバージョンを使用　3.5.3
node_modules\typescript\lib

詳細を表示

「ワークスペースのバージョンを使用」を選択しましょう。

ワークスペースにインストールしたTypeScriptのバージョン（今回は3.5.3）に
切り替わります。

UTF-8　CRLF　TypeScript　3.5.3　😊　🔔

Column 言語サーバープロトコル（Language Server Protocol）

エディターやIDEでは、コーディングの際に入力補完や定義へのジャンプ、参照の一覧表示といった機能を使用することができます。これらの情報を提供するプログラムを言語サーバー（Language Server）と呼びます。エディターやIDEがクライアントとなり、ユーザーの入力や補完情報などのやり取りを言語サーバーと行います。クライアントと言語サーバーの間の通信の仕様は言語サーバープロトコル（Language Server Protocol）として策定されています。

たとえばPython用のプラグインを考えたときに、これまではVim用、Emacs用、Sublime Text用などと、各エディターやIDE向けに開発を行う必要がありました。それを1つの言語サーバーを開発するだけで、さまざまなクライアントで使用できるよう標準化したのが、言語サーバープロトコルです。

VS CodeにはHTMLやCSS、JSONなどの言語サーバーが同梱されています（TypeScriptとJavaScript用に同梱されている言語サービスは、言語サーバープロトコルが策定される以前からある仕様に基づいています）。

現在は仕様の策定や実装が進みつつある段階で、公式ページ（https://langserver.org/）では言語サーバーやクライアントの一覧を確認できます。

◉ APIサーバーの実装

app.tsには以下の内容を入力しましょう。

src/app.ts

```ts
import * as Express from "express";

const app = Express();

app.get("/", (req, res) => {
  res.send("Hello, VS Code!!!");
});

export { app };
```

また、app.tsを呼び出すserver.tsというプログラムも追加します。

src/server.ts

```
import { app } from "./app";

const port = 3000 || process.env.port;
app.listen(port, () => {
  console.log(`API Server listening on port ${port}!`);
});
```

　GETリクエストを受信すると、「Hello, VS Code!!!」という文字列を返すHTTPサーバーを実装しました。

▣ TypeScriptのNode.jsプログラムを起動

　早速server.tsを動かしてみましょう。本来であればtscコマンドを使用してJavaScriptファイルを生成し、それを起動します。しかし開発中は内部で自動でコンパイルしてくれるts-node、ts-node-devというツールを使用してみましょう。
　npmでツールをインストールします。

```
> npm i ts-node ts-node-dev
```

◉ npmスクリプトの追加

　package.jsonにコマンドを追加し、簡単にターミナルから呼び出せるようにします。ついでにビルド用のコマンドも追加しています。

package.json

```
{ ...
  "scripts": {
    "build": "tsc",
    "serve": "ts-node src/server.ts",
    "watch": "ts-node-dev -- src/server.ts"
  },
  ...
}
```

● サーバーの起動

ターミナルで、次のように入力してみましょう。

```
> npm run serve
...
API Server listening on port 3000!
```

サーバーが起動します。ブラウザで

http://localhost:3000

にアクセスしてみましょう。

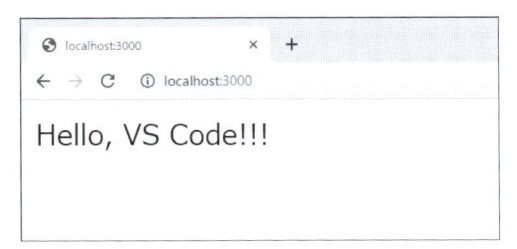

「Hello, VS Code!!!」と表示されれば成功です。

変更を監視しオートリロードさせる

追加したnpmスクリプトで、変更を監視し、サーバーをオートリロードするように
しましょう。ターミナルで「Ctrl」＋「C」で一度サーバーを止めた後、以下のコマ
ンドを入力します。

```
> npm run watch
```

app.tsやserver.tsを編集すると、サーバーがリロードするようになります。

サーバーにタスクのリストを返す機能を追加

npm run watchを起動させたまま、コーディングを進めましょう。

「/tasks」にアクセスすると、タスクリストの情報が入ったJSONを返すように、
下記のコードをapp.tsに追加します。

src/app.ts

```ts
interface Task {
  category: string;
  title: string;
  done: boolean;
}

const tasks: Task[] = [
  {
    category: "Private",
    title: "買い物",
    done: false,
  },
];

app.get('/tasks', (req, res) => {
  res.json(tasks);
});
```

ファイルを更新するたびに、プログラムが再起動するので、動作確認をしながら開発を進めることができます。

```
問題   出力   ターミナル   ···            1: node            ▼  ✚ ⬚ 🗑 ∧ ✕

API Server listening on port 3000!
[INFO] 04:07:37 Restarting: C:\Users\Saki\Documents\vscode-works\api-server\sr
c\app.ts has been modified
Using ts-node version 8.3.0, typescript version 3.5.3
API Server listening on port 3000!
[INFO] 04:09:41 Restarting: C:\Users\Saki\Documents\vscode-works\api-server\sr
c\app.ts has been modified
Using ts-node version 8.3.0, typescript version 3.5.3
API Server listening on port 3000!
[INFO] 04:09:43 Restarting: C:\Users\Saki\Documents\vscode-works\api-server\sr
```

コードの追加が終わったら、ブラウザで「http://localhost:3000/tasks」にアクセスしてみましょう。

```
🌐 localhost:3000/tasks          ✕  ✛                          —  ☐  ✕
←  →  C  ⓘ localhost:3000/tasks                          ⊕ ☆ ● ⋮

[{"category":"Private","title":"買い物","done":false}]
```

JSONが返ってくれば成功です。

タスクを追加できるよう機能拡張

　現状は「http://localhost:3000/tasks」にアクセスしても、あらかじめコードの中に記述したタスクリストを返すだけです。続いて、HTTPのPOSTメソッドでJSONを送信すると、タスクをリストに追加できるように機能拡張しましょう。

　まずはPOSTリクエストのボディを読むためのパッケージを追加します。

```
> npm i body-parser
```

　body-parserを使用してJSONをパースできるように設定し、POSTリクエストが「/tasks」に来た場合の処理を追加します。

src/app.ts

```
import * as bodyParser from "body-parser";
import * as Express from "express";

const app = Express();
app.use(bodyParser.json());

...

app.post("/tasks", (req, res) => {
  const received = req.body;
  if ("category" in received && "title" in received && "done" in received) {
    const newTask: Task = {
      category: received.category,
      title: received.title,
      done: received.done
    };
    tasks.push(newTask);
    console.log('Add:', newTask);
    res.send("An item has been added.");
  } else {
    res.status(400).send("Parameters are invalid.");
  }
});
```

　POSTで受信したJSONの中に、"category"、"title"、"done"が含まれていた場

合のみ、タスクリストに追加します。それ以外の場合はステータスコードが400の
メッセージを返します。

REST Clientでサーバーの動作確認

POSTリクエストを送信して、動作を確認してみましょう。「REST Client」とい
う拡張機能を使用します。

REST Clientを使用することで、エディター上でHTTPのリクエストを送信し、
応答を確認できるようになります。

● リクエスト用のファイルを作成

「client.http」というファイルをapi-serverフォルダー直下に作成しましょう。

client.http

```
POST http://localhost:3000/tasks HTTP/1.1
content-type: application/json

{
    "title": "メール返信",
    "category": "Work",
    "done": false
}
```

● HTTPリクエストの送信

client.httpのエディター上で右クリックメニューを開き「Send Request」を選
択します。

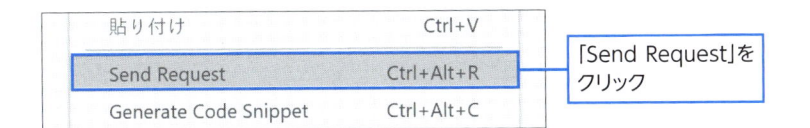

貼り付け	Ctrl+V
Send Request	Ctrl+Alt+R
Generate Code Snippet	Ctrl+Alt+C

「Send Request」を
クリック

リクエストの応答が分割されたエディターに表示されます。

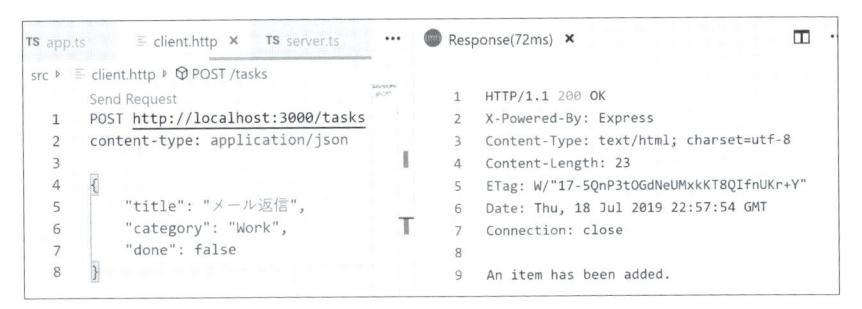

ログからタスクが追加されたことがわかります。

```
[INFO] 04:38:12 Restarting: C:\Users\Saki\Documents\vscode-works\
ts has been modified
Using ts-node version 8.3.0, typescript version 3.5.3
API Server listening on port 3000!
Add: { title: 'メール返信', category: 'Work', done: false }
```

ブラウザからも確認してみましょう。

```
[{"category":"Private","title":"買い物","done":false},
{"title":"メール返信","category":"Work","done":false}]
```

とてもシンプルなAPIサーバーを書くことができました。

TypeScriptのソースコードをビルドする

最後にコンパイルしてTypeScriptのソースコードから、JavaScriptファイルとソースマップを生成しましょう。

3

VS Codeでプログラミング（TypeScript／Node.js）

● TypeScriptの設定ファイルを作成

TypeScript用の設定ファイルを作成します。下記のtscコマンドを実行しましょう。

```
> npx tsc --init
```

tsconfig.jsonというファイルが生成されます。TypeScriptのプログラムをJavaScriptに変換する際の設定を記述するファイルです。初期状態では多くがコメントアウトされていて可読性が悪いので、以下のように書き換えましょう。ほとんどの項目でインテリセンスが効きます。

tsconfig.json

```
{
  "compilerOptions": {
    "target": "es6",
    "module": "commonjs",
    "sourceMap": true,
    "outDir": "dist",
    "strict": true,
    "moduleResolution": "node"
  },
  "include": ["src/**/*"]
}
```

srcフォルダー内のTypeScriptプログラムをEcmaScript6の形式に変換し、distというフォルダーに出力するという設定を記述しています。

● TypeScriptファイルをJavaScriptに変換

すでにpackage.jsonにコマンドを登録してあるので、以下のコマンドでコンパイルを行うことができます。

```
> npm run build
```

実行すると、distフォルダーに4つのファイルが作成されます。TypeScriptファイルをJavaScriptファイルに変換したものと、ソースマップファイルです。

VS Codeでプログラミング(TypeScript＼Node.js)

3

```
dist
├──── app.js
├──── app.js.map
├──── server.js
└──── server.js.map
```

　これらはJavaScriptファイルなので、そのままNode.jsで動かすことができます。

```
> node dist/server.js
```

Column　ソースマップ

　ソースマップは何らかの方法で変換されたソースコードと、変換前のソースコードを関連付けるファイルです。たとえば

- 元のソースコードと、圧縮や難読化されたプログラム
- TypeScriptやCoffeeScript、Dartなどのファイルと、トランスパイルされたJavaScriptファイル

などを関連付けます。

　デバッグ時は変換後のソースコードより元のソースコードを使ってデバッグするほうが容易なので、デバッガに関連付けの情報が提供されます。

　通常、ソースマップは変換を行う際に自動生成され、変換後のソースコードにソースマップのURLが記述されます。

JestとSuperTestを使用して テストを書こう

前節のAPIサーバーを例に、テストを導入する方法を紹介します。Jestと SuperTestというテストフレームワークを使用します。

▣ パッケージのインストール

npmからテスト用のパッケージをインストールします。

```
> npm i jest ts-jest supertest @types/jest @types/supertest
```

▣ 拡張機能のインストール

「Jest」という拡張機能をインストールしましょう。テストファイルを更新すると自 動的にテストを実行し、結果をエディター内に表示してくれます。

Jest orta.vscode-jest

Orta | ⏚ 512,502 | ★★★★⯪ | リポジトリ

Use Facebook's Jest With Pleasure.

インストール

▣ テスト用の設定ファイルを書く

jest.config.jsというJest用の設定ファイルをapi-serverフォルダー直下に作 成しましょう。

jest.config.js

```
module.exports = {
  preset: 'ts-jest',
  testEnvironment: 'node',
  moduleFileExtensions: ["ts", "js"],
  transform: {
```

```
    "^.+\\.(ts)$": "ts-jest"
  },
  globals: {
    "ts-jest": {
      tsConfig: "tsconfig.json"
    }
  },
  testMatch: ["**/*.spec.ts"]
};
```

⊡ テストを書く

testというフォルダーをapi-serverフォルダー直下に作成しましょう。その中に app.ts用のテストを記述するapp.spec.tsというファイルを作成します。

test/app.spec.ts

```
import * as supertest from "supertest";
import { app } from "../src/app";

describe("Express server", () => {
  it("should response the GET method", async (done) => {
    supertest(app)
      .get("/")
      .then((response) => {
        expect(response.status).toBe(200);
        expect(response.text).toEqual("Hello, VS Code!!!");
        done();
      });
  });
});
```

まずはサーバーのトップ「/」にアクセスした際のレスポンスのテストを追加しています。ステータスコードが200で、文字列が"Hello, VS Code!!!"であることをチェックしています。

テストコードを書き進めていくと、テストが自動的に実行され、エディター内に結果が表示されます。

```
describe("Express server", () => {
  it("should response the GET method", async (done) => {
    supertest(app)
```

実行結果が想定と異なる場合は、実際の結果を表記してくれます。

```
us).toBe(200) // Expected: 200, Received: 400
).toEqual("Hello, VSCode!!!")
```

テストを実行する

package.jsonに、テスト用のコマンドを追加しましょう。

package.json

```
"scripts": {
  ...
  "test": "jest --forceExit --coverage --verbose",
  "watch-test": "npm run test -- --watchAll"
},
```

npm run testでテストを実行できます。npm run watch-testを使用すると、ファイル監視をしながら、オートリロードしてテストを実行してくれるようになります。

テストを実行してみましょう。成功すれば「1 passed」という緑色の文字が出力されます。

```
PASS  test/app.spec.ts
  Express server
    √ should response the GET method (48ms)

----------|----------|----------|----------|----------|-------------------|
File      | % Stmts  | % Branch | % Funcs  | % Lines  | Uncovered Line #s |
----------|----------|----------|----------|----------|-------------------|
All files |   58.82  |        0 |   33.33  |   58.82  |                   |
 app.ts   |   58.82  |        0 |   33.33  |   58.82  |... 31,32,33,34,36 |
----------|----------|----------|----------|----------|-------------------|
Test Suites: 1 passed, 1 total
Tests:       1 passed, 1 total
Snapshots:   0 total
Time:        4.334s
Ran all test suites.
```

テストのカバー率が低いので赤い文字も表示されるでしょう。カバーを100%にするための、残りのテストに関しては

https://github.com/sakkuru/API-Server-chapter3

にサンプルを公開しているので参考にしてみてください。

Column **プロジェクトのおすすめ拡張機能を設定する**

フォルダートップの.vscodeフォルダー内に、extension.jsonという設定ファイルを置くことで、そのプロジェクトが推奨する拡張機能をユーザーに教えることができます。

コマンドパレットの「拡張機能: 推奨事項の拡張機能を構成(ワークスペースフォルダー)」を選択すると、exntension.jsonが作成されるので、推奨する拡張機能のIDを列挙します。

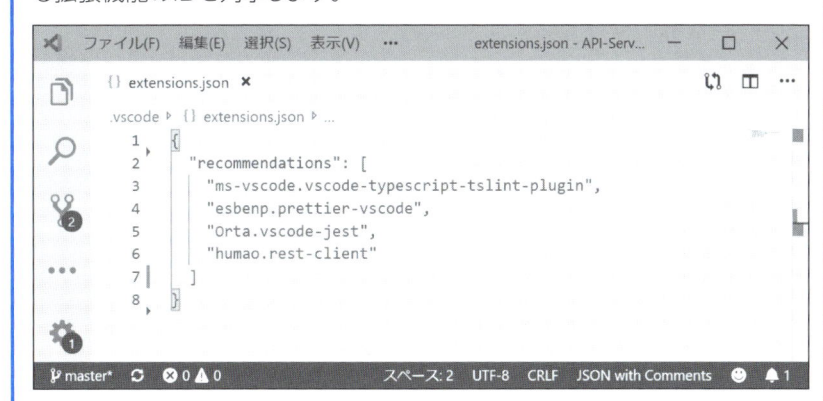

ワークスペースを開いた際に、推奨の拡張機能がインストールされていない場合はメッセージが表示され、インストールを促されます。

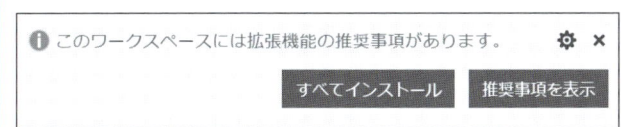

フォーマッタの導入とカスタマイズ

APIサーバーを例に、自動整形を行ってくれるフォーマッタをプロジェクトに導入し、カスタマイズする方法を解説します。

デフォルトフォーマッタのカスタマイズ

VS Codeには、デフォルトでHTML、CSS、JSON、JavaScript、TypeScript用のフォーマッタが組み込まれていて、設定エディターからカスタマイズすることができます。

たとえばJavaScript用の設定を行いたい場合は、「Ctrl」+「,」で設定エディターを開き、「javascript format」で検索します。

Javascript › Format: **Insert Space After Function Keyword For Anonymous Functions**
☑ 匿名関数の関数キーワードの後のスペース処理を定義します。

Javascript › Format: **Insert Space After Keywords In Control Flow Statements**
☑ 制御フロー ステートメント内のキーワードの後のスペース処理を定義します。

Javascript › Format: **Insert Space After Opening And Before Closing Jsx Expression Brace**

オン/オフでさまざまな設定が可能です。

Prettierの導入

デフォルト以外のフォーマッタを使う方法を紹介します。ここではPrettierというフォーマッタを導入してみましょう。

Prettierの拡張機能のインストール

まずは「Prettier - Code formatter」という拡張機能をインストールします。

対応しているJavaScriptやHTMLといったファイルは、自動的にPrettierでフォーマットが行われるようになります。

Prettierの挙動をカスタマイズする

Prettierの挙動をカスタマイズする方法として、settings.json（設定エディター）を使用する方法と、.prettierrcを使用する方法を紹介します。

settings.jsonで設定

設定エディターを使用して、settings.jsonを編集しましょう。設定エディターを開き「prettier」で検索すると、Prettier用の項目が表示されます。ユーザー設定でグローバルに、ワークスペース設定でプロジェクト単位にカスタマイズすることができます。

.prettierrcで設定

コマンドラインなどからPrettierを使用する際と同じように、.prettierrcを設定ファイルとして使用することができます。このファイルがプロジェクトにある場合は、Prettierのワークスペース設定（settings.json）よりも優先されます。

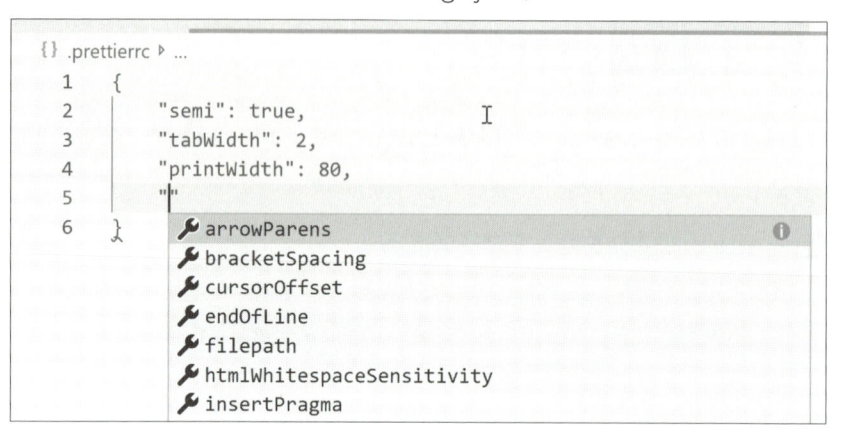

.prettierrcはJSONもしくはYAMLの形式で記述でき、編集する際はインテリセンスが効きます。

言語ごとに使用するフォーマッタを変更する

使用するフォーマッタは、言語ごとに指定することができます。

対応するフォーマッタが複数インストールされていて、言語の規定のフォーマッタが決まっていない場合は、「Shift」+「Alt」+「F」で整形させる際に、フォーマッタを選択するポップアップが表示されます。

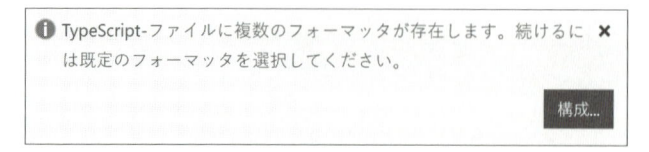

ここでフォーマッタを選択すると、以降その言語を整形する際は指定のフォーマッタが使用されるようになります。

VS Codeでプログラミング（TypeScript＼Node.js）

```
TypeScript-ファイルに対して既定のフォーマッタを選択
Prettier - Code formatter  esbenp.prettier-vscode
TypeScript と JavaScript の言語機能  vscode.typescript-language-features
```

　また、直接settings.jsonに設定を加えても問題ありません。プロジェクトで使用するフォーマッタを指定したい場合は、プロジェクト直下のsettings.jsonに設定を加えるとよいでしょう。

settings.json

```
"[html]": {
  "editor.defaultFormatter": "esbenp.prettier-vscode"
  "editor.formatOnType": true
},
```

　この場合、HTMLファイルでは既定のフォーマッタとしてPrettierが使用されます。各言語のeditor.defaultFormatterを変更すると、言語ごとのフォーマッタを変更することができます。

Lintの導入とカスタマイズ

　静的構文チェックを行ってくれるLintツールを導入してみましょう。バグがなく、可読性の高いプログラムを書きたいとき、Lintツールは非常に有用です。また、後半はフォーマッタと連携させて整形を行う方法を紹介します。

TSLintで静的型チェックの導入

　今回はTypeScriptを使用しているので、TSLintというツールを導入します。

Column　Lint

　Lintはソースコードの静的検証ツールのことで、構文エラーや、エラーにはならないもののバグの原因になるような記述などを、プログラム実行前に発見します。フォーマッタとしての機能を備えているものが多く、スタイル違反を自動整形させることが可能です。

　設定ファイルを読み込ませることができるので、独自のスタイルルールをプロジェクトに強制させることができます。

　LintツールはJavaScript用のESLintやTypeScript用のTSLint、Python用のPylintやflake8など、各言語に対応したものが開発されています。

● TSLintをローカルにインストールして初期化

　統合ターミナルを開き、api-serverフォルダー直下で下記のコマンドを実行します。

```
> npm i tslint
```

　続いて、TSLint用の設定ファイルを作成します。

```
> npx tslint -i
```

　tslint.jsonがワークスペースに追加されました。

tslint.jsonにルールを記述

生成されたtslint.jsonの雛形に少し追記しましょう。

tslint.json

```
"rules": {
  "semicolon": [true, "never"],
  "no-console": true
}
```

今回はTSLintの効果がわかりやすいように、rulesに「;」と「console」系の使用を禁止するルールを追加しました。

TSLint拡張機能のインストール

「TSLint」という拡張機能をインストールします。

マーケットプレイスには「TSLint (deprecated)」という拡張機能もありますが、こちらは古いバージョンですのでインストールしないでください。もしインストールしている場合は、アンインストールするか無効にしてください。

TSLintの結果を確認

TSLintの結果を確認してみましょう。app.tsを開くと、セミコロンや、console.logなどの下に波線が表示されています。ステータスバーにも問題の数が表示されます。

```
app.get("/tasks", (req, res) => {
  res.json(tasks);
});
```

◉ 問題パネル

ステータスバーの警告の数をクリックして、問題パネルを開いてみましょう。

「Unnecessary semicolon(semicolon)」というような警告が大量に表示されているのではないでしょうか。

警告やエラーをクリックすると、発生場所に移動することができます。

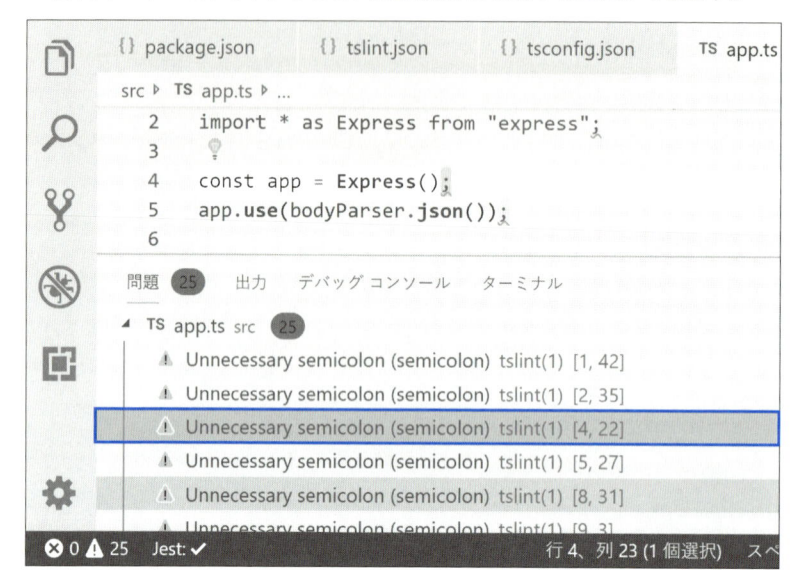

⊡ TSLintが有効にならない場合

VS Codeのバージョンが1.3より古い場合など、VS Code上でTSLintが有効にならない場合は、以下の方法を試してみてください。

◉ TSLint言語サービスプラグインのインストール

TypeScriptの言語サービスの機能を拡張するプラグインをインストールします。

```
npm i typescript-tslint-plugin
```

◉ tsconfig.jsonの設定にプラグインを追加

tsconfig.jsonにプラグインを使用するための設定を追加します。

tsconfig.json

```
"plugins": [
  {
    "name": "typescript-tslint-plugin",
    "configFile": "./tslint.json"
  }
]
```

◉ プラグインを有効化する

プラグインを有効にするため、一度ステータスバーのTypeScriptのバージョンをクリックし、「VS Codeのバージョンを使用」を選んだ後、「ワークスペースのバージョンを使用」を選択してください。

JavaScript および TypeScript 言語の機能に使用する TypeScript バージョンを選択します

VS Code のバージョンを使用 3.5.2
• ワークスペースのバージョンを使用 3.5.3
node_modules\typescript\lib
詳細を表示

⊡ TSLintとPrettierを連携させる

Prettierと連携して、TSLintの設定をもとにフォーマットさせるように設定を追加してみましょう。

まず、拡張機能「Prettier - Code formatter」がインストールされていない場合はインストールしてください。

◉ PrettierのTSLint連携を有効にする

次に、TypeScriptの整形にPrettierを使用するように設定します。ワークスペースのTypeScriptを使用する際に、settings.jsonが作成されているはずですので、ワークスペースの.vscode/settings.jsonを開きます。ユーザーの全体設定にしたい場合は、コマンドパレットからsettings.jsonを開いてください。

.vscode/settings.json

```
{
  "typescript.tsdk": "node_modules/typescript/lib",
  "prettier.tslintIntegration": true,
  "[typescript]": {
```

```
    "editor.formatOnSave": true,
    "editor.defaultFormatter": "esbenp.prettier-vscode"
  }
}
```

　"prettier.tslintIntegration"で、PrettierのTSLint連携をオンにしています。また、TypeScriptファイルは保存時にフォーマットを行い、そのフォーマッタとしてPrettierを使用するという設定をしています。

● フォーマットを確認

　app.tsを開き、「Ctrl」+「S」で保存を行います。すると、セミコロンがすべて削除されるでしょう。

```
src ▶ TS app.ts ▶ ...                                      保存前
    1    import * as bodyParser from "body-parser";
    2    import * as Express from "express";
    3
    4    const app = Express();
    5    app.use(bodyParser.json());
    6
    7    app.get("/", (req, res) => {
    8    |  res.send("Hello, VSCode!!!");
    9    });
```

```
src ▶ TS app.ts ▶ ...                                      保存後
    1    import * as bodyParser from "body-parser"
    2    import * as Express from "express"
    3
    4    const app = Express()
    5    app.use(bodyParser.json())
    6
    7    app.get("/", (req, res) => {
    8    |  res.send("Hello, VSCode!!!")
    9    })
```

　TSLintとPrettierを連携させて、フォーマットを行うことができました。今回は効果がわかりやすい設定を仮に入れているので、確認後は追加したtslint.jsonのrulesを無効化しておきましょう。

定義や参照の表示、リファクタリング機能、コードアクション

VS Codeではソースコードを開いているときに、コンテキストメニューやキーボードショートカットから変数やクラス名といったシンボルの定義や参照の表示、リファクタといった機能を呼び出すことができます。

本節ではAPIサーバーのプログラムを例にそれらの機能を紹介します。また、インテリセンスの起動についてもキーボードショートカットを紹介します。

入力補完候補の表示

通常補完候補は入力中に自動で表示されますが、カーソルを移動した際など強制的に表示させたい場合は「Ctrl」+「Space」を使用します（macOSでも「control」+「space」です）。

```
app.
    ☁ get        (property) Application.get: ((name: string)… ⓘ
    🝱 getMaxListeners
    ☁ head
inte 🝱 init
  ca ☁ length
```

パラメータヒントの表示

関数の引数のヒントを強制的に表示させたい場合は「Ctrl」+「Shift」+「Space」です（こちらはmacOSは「command」+「shift」+「space」です）。

```
app.get("/", (req, res) => {
  res.se      get(path: PathParams, ...handlers: RequestHandler[]):
});         2/4 Express

app.get()
```

定義へ移動

シンボルの定義をしている箇所にアクセスする機能です。キーボードショートカットは「F12」キー、マウス操作の場合は、「Ctrl」+クリックです。

コンテキストメニューにも「定義へ移動」があります。server.tsのappの上にカーソルを置き、コンテキストメニューで「定義へ移動」を選択してみましょう。定義を行っているapp.tsの該当部分に移動します。

```
const port = 3000 || process.env.port
app.listen(port, () => {
      定義へ移動                        F12      po
})    定義をここに表示                  Alt+F12
      型定義へ移動
```

```
3
4    const app = Express()
5    app.use(bodyParser.json())
6
7    app.get("/", (req, res) => {
```

定義をインライン表示（Peek）

シンボルの定義をインライン表示させることができる機能です。キーボードショートカットは「Alt」+「F12」です。コンテキストメニューにも「定義をここに表示」があります。

```
3    const port = 3000 || process.env.port
4    app.listen(port, () => {

app.ts  C:\Users\Saki\Documents\vscode-works\api-server\src                        ✕
1    import * as bodyParser from "body-parser";        const app = Express();
2    import * as Express from "express";
3    import { Task } from "./Task";
4
5    const app = Express();
6    app.use(bodyParser.json());
7
8    const tasks: Task[] = [
9      {
5        console.log(`API Server listening on port ${port}`)
```

定義はその場で編集することが可能です。また、右側に複数の定義がある場合は、選択すると表示する定義を切り替えることができ、ダブルクリックでそのファイルを開くことも可能です。

定義を画面分割して表示

「Ctrl」+「Alt」+クリックで、画面を分割して定義のファイルを開くことができます。

```
app.ts        {} settings.json      TS server.ts  ✕  ⇄  ▭  ···     TS app.ts        ✕
src ▷ TS server.ts ▷ ...                                  src ▷ TS app.ts ▷ ▣ app
  1   import { app } from "./app"                           1   import * as bodyParser from "body-pars
  2                                                          2   import * as Express from "express"
  3   const port = 3000 || process.env.port                 3
  4   app.listen(port, () => {                              4   const app = Express()
  5     console.log(`API Server listening on               5   app.use(bodyParser.json())
  6   })                                                    6
  7   |                                                     7   app.get("/", (req, res) => {
                                                            8     res.send("Hello, VSCode!!!")
                                                            9   })
                                                           10
```

定義のサマリをホバー表示

「Ctrl」キーを押しながらシンボルをホバーさせると、定義のサマリを表示させることができます。

```
TS server.ts ▷ ...                    通常のホバー表示
import { app } from "./app"
  (alias) const app: Express
  import app                    .er
app.listen(port, () => {
```

```
TS    const app = Express()
      app.use(bodyParser.json())
      (alias) const    Ctrlを押しながらの
      import app        ホバー表示
app.listen(port, () => {
```

型定義へ移動

コンテキストメニューの「型定義へ移動」を選択すると、型定義を行っているファイルに移動することができます。

```
const port = 3000 || process.env.port
a
    定義へ移動                    F12        「型定義へ移動」を
                                           選択
    定義をここに表示              Alt+F12   por
}
    型定義へ移動
    Find All References          Shift+Alt+F12
```

```
050
051    export interface Express extends Application {
052        request: Request;
053        response: Response;              appの型定義へ移動する
054    }
055
```

▣ すべての参照を探す

ワークスペース内で、そのシンボルを参照しているコードをすべて表示させる機能です。サイドバーに一覧が表示され、クリックするとその行にアクセスすることができます。

キーボードショートカットは「Shift」+「Alt」+「F12」です。コンテキストメニューでは、「Find All References」を選択します。

```
10 results in 3 files                 src ▶ TS app.ts ▶ ...
 ▲ TS app.ts src          2            1   import * as bodyParser from "body-parser"
      const app = Expr...                2   import * as Express from "express"
      app.use(bodyPars...                3
      app.get("/", (r...  ✕             4   const app = Express()
      app.get("/tasks", (...            5   app.use(bodyParser.json())
      app.post("/tasks",...             6
      export { app }                    7   app.get("/", (req, res) => {
 ▶ TS server.ts src                     8     res.send("Hello, VSCode!!!")
 ▶ TS app.spec.ts ...  9+               9   })
                                       10
                                       11   interface Task {
```

▣ 参照をインライン表示

そのシンボルの全参照をインラインで表示させる機能です。キーボードショートカットは「Shift」+「F12」です。

```
 3   const port = 3000 || process.env.port
 4   app.listen(port, () => {
─────────────────────────────────────────────────────────────────────
server.ts  C:\Users\Saki\Documents\vscode-works\api-server\src─ 8 個の参照                  ✕
 1   import { app } from "./app"              ▶ app.ts src                          6
 2                                            ▲ server.ts src                       2
 3   const port = 3000 || process.env.port          import { app } from "./app"
 4   app.listen(port, () => {                        app.listen(port, () => {
 5     console.log(`API Server listening on port ${po
 6   })
 7
```

定義と同様、参照の一覧をダブルクリックすると、その場所にジャンプできます。

▣ 実装に移動

ワークスペース内で、そのシンボルを実装している箇所を表示、移動することができる機能です。キーボードショートカットは「Ctrl」+「F12」です。

元のファイルに戻る

定義や参照、実装のファイルに移動した後、元のファイルに戻るには、ナビゲーションのヒストリを利用します。

「Ctrl」キーを押しながら、「Tab」キーを押すと、過去にフォーカスしたファイルの履歴を表示させることができます。

1つ前のファイルに戻る場合は、「Ctrl」キーを押しながら「Tab」キーを一度押して、「Ctrl」キーを離します。

シンボルの名前変更

ファイル内のシンボルの名前をまとめて変更することができます。キーボードショートカットは「F2」キーです。コンテキストメニューからは「シンボルの名前変更」を選択します。

app.tsのTaskをTodoに変更してみましょう。Taskを選択した状態で「F2」キーを押し、Todoと入力して「Enter」キーを押します。

VS Codeでプログラミング（TypeScript＼Node.js）

ファイル内のTaskがすべてTodoに変更されました。

```
const tasks: Todo[] = [
  {
    category: "Private",
```

```
if ("category" in received && "title"
  const newTask: Todo = {
    category: received.category,
```

importやexportに影響がある場合は、その部分も合わせて変更されます。appをexpressに変えてみましょう。

```
const app = Express();
app.us express
```

export文も自動的に変更されました。

```
export { app };
```

```
export { express as app };
```

⊡ すべての出現箇所を変更

大文字小文字関係なく、文字列が一致した箇所をまとめて変更することができる機能です。キーボードショートカットは「Ctrl」+「F2」です。

```
10
11    interface Task {
12      category: string;
13      title: string;
14      done: boolean;
15    }
16
17    const tasks: Task[] = [
18      {
```

キーボードショートカットでは、「Ctrl」+「Shift」+「L」でもほぼ同様のことが可能です。正確には、「Ctrl」+「F2」は"出現箇所の変更"なのでReadOnlyのファイルでは使用できず、「Ctrl」+「Shift」+「L」は"出現箇所の選択"なのでReadOnlyのファイルでも選択できるという違いがあります。

⬛ コードリファクタリング

　ソースコード内のリファクタリングを行うことができます。実行できるのはコードの重複を避けるための関数の抽出、変数の抽出といった作業で、キーボードショートカットは「Ctrl」+「Shift」+「R」です。

　app.jsには下記のように、送信されたJSONに適切なキーが含まれているかをチェックするコードがあります。

```
app.post("/tasks", (req, res) => {
  const received = req.body;
  if ("category" in received && "title" in received && "done" in received) {
    const newTask: Task = {
      category: received.category,
```

　しかし、今後チェックを厳密にするかもしれませんし、別の箇所で同様のチェックが必要になるかもしれません。そこで、別の関数として独立させるリファクタリングを行ってみましょう。

　if文の中の条件式を選択し、コンテキストメニューの「リファクター」を選択します。

```
const received = req.body;
if ("category" in received && "title" in received && "done" in received) {
  co
      module スコープ内の function に抽出する
      外側のスコープ内の constant に抽出する
    done: received.done,
```

「moduleスコープ内のfunctionに抽出する」をクリック

　リファクタリング用の項目が表示されるので、「moduleスコープ内のfunctionに抽出する」を選択します。

```
const received = req.body;
if (newFunction(received)) {
  co isTaskItemsIncluded
    category: received.category,
```

「isTaskItemsIncluded」と入力

　関数名の入力を求められるので、「isTaskItemsIncluded」とします。何も入力しなければ「newFunction」となります。

```
app.post("/tasks", (req, res) => {
  const received = req.body;
  if (isTaskItemsIncluded(received)) {
    const newTask: Task = {
      category: received.category,
```

isTaskItemsIncludedという関数が定義されました。

```
function isTaskItemsIncluded(received: any) {
  return "category" in received && "title" in received && "done" in received;
}
```

⊡ コードアクション

　カーソルがある位置に修正できる項目があるときに電球の形で表示されるのがコードアクションです。

```
}};
💡
interface Task {
  category: string;
  title: string;
  done: boolean;
```

　クリックすると、メニューが表示されます。アクション内容は状況によって変わります。

```
}};
💡
interface Task {

      Disable rule 'interface-name'
      新しいファイルへ移動します

}
```

「新しいファイルへ移動します」をクリック

　この場合は選択するとTaskの定義を別ファイルに分け、それをインポートするよう変更されます。

```
import * as Express from "express"
import { Task } from "./Task"
```

VS Codeでプログラミング(TypeScript／Node.js)

```
src ▶ TS Task.ts ▶ ...
  1    export interface Task {
  2      category: string
  3      title: string
  4      done: boolean
  5    }
  6
```

⊡ ソースアクション

コンテキストメニューの「ソースアクション」を選択すると、「インポートを整理」を実行できます。インポートの重複を消したり、散らばったインポート行をファイルの先頭にまとめることができます。

キーボードショートカットは「Shift」+「Alt」+「O」です。

```
  1    import * as bodyParser fro
  2
  3    import * as Express from "
  4
  5    const app = Express();
  6    app.use(bodyParser.json())
  7
  8    import { Task } from "./Ta
```

```
  1    import * as bodyParser fro
  2    import * as Express from "
  3    import { Task } from "./Ta
  4
  5    const app = Express();
  6    app.use(bodyParser.json())
  7
  8    const tasks: Task
```

インポートが
整理される

章の終わりに

▣ ワークスペースの確認

現在までのワークスペースのツリーを以下に記載します。

```
api-server
├── (.prettierrc)
├── .vscode
│   └── settings.json
├── client.http
├── coverage
│   ├── ...
├── dist
│   ├── app.js
│   ├── app.js.map
│   ├── server.js
│   └── server.js.map
├── jest.config.js
├── node_modules
│   ├── ...
├── package-lock.json
├── package.json
├── src
│   ├── app.ts
│   └── server.ts
├── test
│   └── app.spec.ts
├── tsconfig.json
└── tslint.json
```

▣ ソースコード

3章で作成したファイルは、下記からダウンロード可能です。

https://github.com/sakkuru/API-Server-chapter3

タスクとデバッグを
使い倒そう!

▶ 本章の概要 ◀

VS Codeのタスクは CLI ツールと連携して登録した処理を簡単に実行することができます。またデバッグビューではさまざまなプラットフォーム向けのデバッガが使用可能です。

本章ではタスクとデバッグの機能について深掘りしていきます。

タスクに処理を登録しよう

VS Codeにはタスクという機能があります。タスクはシェルや各種CLIツールと連携して、さまざまなコマンドをキーボードショートカットから実行できるようにするものです。

ここでは3章で開発したAPIサーバーを例に、ビルドとテストなどの処理をタスクに登録する方法を紹介します。

APIサーバーのプログラムは

https://github.com/sakkuru/API-Server-chapter3

からダウンロードが可能です。

▣ クイックオープンやコマンドパレットからタスク起動

APIサーバーのpackage.jsonには、以下のようなコマンドが登録されている状態です。

package.json

```
"scripts": {
  "build": "tsc",
  "serve": "ts-node src/server.ts",
  "watch": "ts-node-dev --inspect -- src/server.ts",
  "test": "jest --forceExit --coverage --verbose",
  "watch-test": "npm run test -- --watchAll"
},
```

npmの機能で、ターミナルでnpm runの後にスクリプト名を入れると、登録したシェルコマンドを実行することができます。たとえばnpm run buildはtscコマンドを実行します。

早速、タスクを実行してみましょう。「Ctrl」+「P」でクイックオープンを開きます。そして「task」と入力し、さらに「Space」を押します。

```
task[Space]
```

すると、現在実行できるタスクの一覧が表示されます。これらはフォルダーにあ

るtsconfig.jsonやpackage.jsonから自動認識されたものです。

コマンドパレットの「タスク: タスクの実行 ¦ Tasks: Run Task」からも同様に一覧を表示できます。

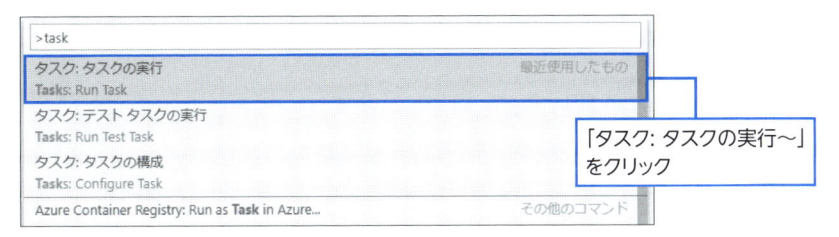

「npm: build」を選択してみましょう。

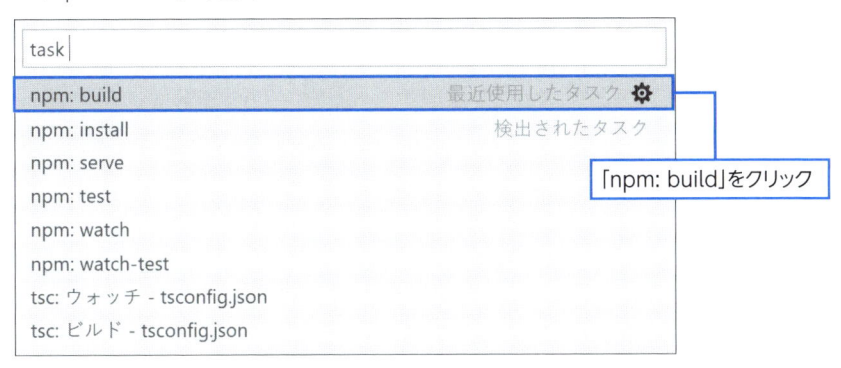

すると、スキャンについて尋ねる選択肢が表示されます。これはどのProblem Matcherを使用するかを尋ねているのですが、ひとまず「TypeScriptの問題」を選択しましょう。するとtasks.jsonが作成され、さらにnpm run buildが実行されます。

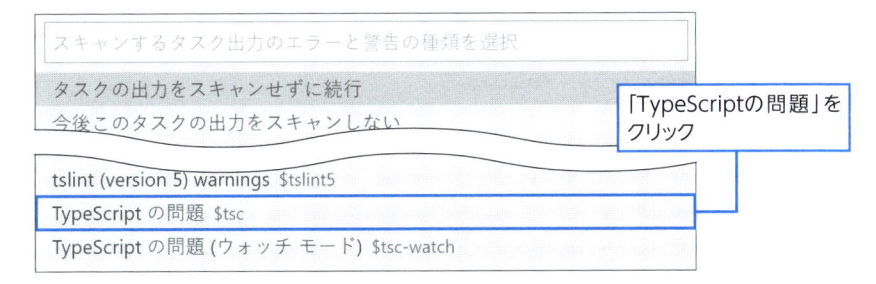

```
問題 3    出力   ターミナル   ・・・              1: タスク - build      ▼    ✚  ⬚  🗑  ∧

> Executing task: npm run build <

> api-server@1.0.0 build C:\Users\Saki\Documents\vscode-works\api-server
> tsc

ターミナルはタスクで再利用されます、閉じるには任意のキーを押してください。
```

package.jsonのnpmスクリプトと連携して、タスクを実行することができました。

⊡ タスクを定義する

タスクを実行する際に生成された、tasks.jsonを見てみましょう。.vscode内のtasks.jsonは、ワークスペースで使用するタスクの一覧を定義する設定ファイルです。

tasks.json

```json
{
  "version": "2.0.0",
  "tasks": [
    {
      "type": "npm",
      "script": "build",
      "problemMatcher": ["$tsc"]
    }
  ]
}
```

◉ ビルドのデフォルトタスクを定義

今はnpm run buildを実行するシンプルなタスクが定義されている状態なので、少し手を加えて便利に使用できるようにしましょう。下記のように、labelとgroupを追加してみてください。

tasks.json

```json
{
  "label": "build",
  "type": "npm",
  "script": "build",
  "group": {
    "kind": "build",
    "isDefault": true
  },
  "problemMatcher": ["$tsc"]
}
```

labelはこのタスクを呼ぶ際に使用される名前です。groupは、ビルドやテストなどの分類や、デフォルトタスクを指定することができる項目です。

この状態で「Ctrl」+「Shift」+「B」を押してみましょう。デフォルトのビルドタスクを実行するキーボードショートカットなので、設定したビルドタスクが実行されます。ビルドは頻繁に実行するので、このようにタスクとして設定しておくと便利です。

● テストのデフォルトタスクを定義

続いて、テストを実行するタスクを追加してみましょう。"tasks"内に、次のオブジェクトを追加します。

tasks.json

```json
{
  "type": "npm",
  "script": "test",
  "group": {
    "kind": "test",
    "isDefault": true
  }
}
```

"npm run test"を実行するデフォルトのテストタスクを定義しました。

デフォルトのテストのタスクは、コマンドパレットの「タスク: テストタスクの実行 Tasks: Run Test Task」から、実行できるようになります。

```
> task test
```

タスク: テスト タスクの実行	最近使用したもの
Tasks: Run **Test** Task	
タスク: 既定のテスト タスクを構成する	その他のコマンド
Tasks: Configure Default **Test** Task	

「 タスク: テストタスク の
実行〜」をクリック

Problem Matcher

タスクを定義する際に出てきたProblem Matcherとは、タスクの出力結果を解釈して、問題パネルやエディター内にエラーや警告として表示する機能です。出力を解釈するパーサはいくつかデフォルトで組み込まれていて、「$tsc」や「$jshint」「$go」などがあります。

言語サーバーやLintなどが提供されていない環境やツールを使用している場合に便利な機能です。

● Problem Matcherを定義

正規表現を使用して、独自のProblem Matcherを定義する方法を紹介します。以下のようなC言語のプログラムを例とします。本来「printf」であるところが「prinft」になっています。

```c
#include <stdio.h>

int main(int argc, char *args[])
{
    prinft("Hello, world!\n");
    return 0;
}
```

gccコマンドでコンパイルすると、以下のような警告が出力されます。

```
> gcc -Wall helloWorld.c -o helloWorld
helloWorld.c:5:5: warning: implicit declaration of function 'prinft'
is invalid in C99 [-Wimplicit-function-declaration]
...
```

4 タスクとデバッグを使い倒そう！

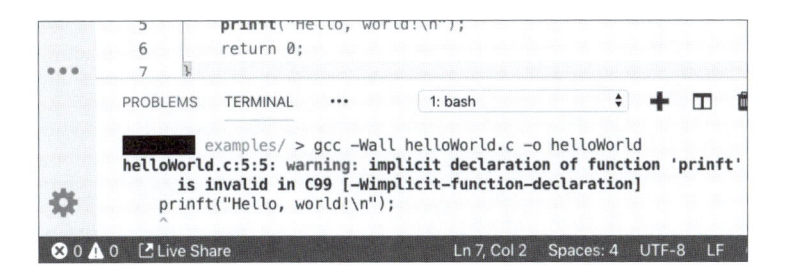

この出力を元に、問題パネルとエディター内に警告として表示するように Problem Matcherを構成してみましょう。

4

タスクとデバッグを使い倒そう！

tasks.json

```json
{
  "label": "compile",
  "command": "gcc",
  "args": ["-Wall", "helloWorld.c", "-o", "helloWorld"],
  "problemMatcher": {
    "owner": "cpp",
    "fileLocation": "autoDetect",
    "pattern": {
      "regexp": "^(.*):(\\d+):(\\d+):\\s+(warning|error):\\s+(.*)$",
      "file": 1,
      "line": 2,
      "column": 3,
      "severity": 4,
      "message": 5
    }
  }
}
```

正規表現で「helloWorld.c:5:5: warning: ...」の中から、ファイル名、行数、カラム数、重大度、メッセージを抽出するよう設定しています。このタスクを実行すると、次のように警告が問題パネルとエディター内に表示されるようになります。

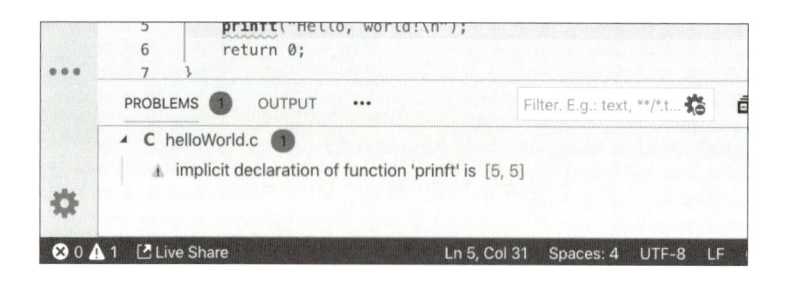

このエラーを直し、再びタスクを走らせると、問題パネルとエディター内からエラー表記は消えます。

タスクの自動認識

VS Codeの タスク は、TypeScript(tsconfig.json)、npm(package.json)だけでなく、Gulp(gulpfile.js)、Grunt(Gruntfile.js)、Jake(Jakefile.js)などに書いてあるタスクも自動認識します。

また、以下のような設定をsettings.jsonに書くと、自動認識をオフにできます。

settings.json

```
{
    "typescript.tsc.autoDetect": "off",
    "grunt.autoDetect": "off",
    "jake.autoDetect": "off",
    "gulp.autoDetect": "off",
    "npm.autoDetect": "off"
}
```

タスクのオプションと例

　ここではタスクの設定オプションと、いくつかの設定例を紹介します。全項目を説明しているわけではないので、細かい設定などはtasks.jsonのインテリセンスの情報を確認してください。

　ver1.13以降で非推奨のオプションは記載していません。また、デフォルトの値は太文字にしています。

🔲 タスクのオプション

◉ 基本設定

変数	説明	値
label	タスクの名前	
type	タスクの種類	"shell", "process", "gulp", "npm"など

◉ コマンドやタスクの設定

変数	説明
command	実行するコマンド、もしくはプロセス
args	実行時にコマンドに渡される引数
script	typeがnpmのときに、npmスクリプトの名前を指定
task	typeがGrunt,Gulp,Jakeのときに、タスクの名前を指定

◉ タスクの分類とデフォルトタスクの指定

変数	説明	値
group	タスクが属するグループ。デフォルトとしたい場合はオブジェクトで指定する。	"none", "build", "test", {}
- kind	タスクが属するグループ。	"none", "build", "test"
- isDefault	ビルドタスクかテストタスクのデフォルトにするか	true, false

◉ 環境設定

変数	説明
options	コマンドオプション
- cwd	作業フォルダーを指定
- env	環境変数を指定。形式は{key1: value, key2:...}
- shell	シェルに関するオプション
-- executable	使用するシェルの絶対パス
-- args	シェルに渡す引数。形式は['arg1', 'arg2', ...]

◉ 結果の表示オプション

変数	説明	値
presentation	タスクの結果の表示方法。オブジェクトで指定	
- echo	実行するコマンドをパネルでエコー表示するか	true, false
- reveal	タスクを実行しているターミナルを開くか。silentの場合は、エラーが発生したときのみ開く	"always", "silent", "never"
- focus	実行時にターミナルにフォーカスされるかどうか	true, false
- panel	タスク間でターミナルを共有するか、専有するか、実行ごとに新たに作成するか	"shared", "dedicated", "new"
- group	同じ文字列を指定したタスクはターミナルを共有する。同時に複数のタスクが走る場合は分割される	グループ名
- showReuseMessage	「ターミナルはタスクで再利用されます。…」というメッセージを表示するか	true, false
- clear	タスクを実行する前にターミナルをクリアするか	true, false
- revealProblems	タスクの実行時に問題パネルを表示するか。オプションの "reveal" より優先される	"always", "never", "onProblem"

◉ Problem Matcher

変数	説明	値
problemMatcher	使用するProblem Matcherを指定するか、定義を記述する	
- base	ベースとして使用するProblem Matcher	
- fileLocation	出力内のファイル名をどのように解釈するか	"absolute", "relative", "autoDetect"
- owner	問題をどの言語のものとするか	
- pattern	問題を検出する正規表現のパターン	

変数	説明	値
- severity	問題の重大度。パターン内で指定されていない場合に使用	
- background	バックグラウンドタスクを追跡するための設定	
-- activeOnStart	タスクが起動したときにバックグラウンドモニタをアクティブにするか	true, false
-- beginsPattern	出力がパターンに一致すると、タスクの開始が通知される	
-- endsPattern	出力がパターンに一致すると、タスクの終了が通知される	

タスクオプション

変数	説明	値
dependsOn	このタスクが依存している別のタスクを指定	
dependsOrder	依存しているタスクの実行順序	"sequence", "parallel"

その他のオプション

変数	説明	値
isBackground	タスクをバックグラウンドで実行するか	true, false
promptOnClose	タスクの実行中にVS Codeが終了する場合にダイアログを表示するか	true, false
runOptions	起動時のオプション	
- reevaluateOnRerun	再実行時にタスク変数を再評価するかどう か	true, false
- runOn	タスクを実行するタイミング。"folderOpen"を指定すると、フォルダーを開いたときに自動的にタスクを実行する	"default", "folderOpen"
windows/osx/linux	プラットフォーム固有の構成を記述	

TypeScript／Node.jsをデバッグしよう

APIサーバーを例に、デバッガを使用してTypeScriptのNode.jsプログラムをデバッグしてみましょう。APIサーバーのプログラムは

https://github.com/sakkuru/API-Server-chapter3

からダウンロードが可能です。

▣ デバッガのインストール

APIサーバーはNode.jsのプロジェクトなので、デバッガのインストールは必要ありません。Node.jsのデバッガはVS Codeにあらかじめ組み込まれています。しかし、それ以外の言語やプラットフォームのデバッグを行う際は、拡張機能からデバッガをインストールする必要があります。

拡張機能: MARKETPLACE

tag:debuggers

Python 2019.6.24221
Linting, Debugging (multi-threaded, remote), Intellisense, code formatting, refact
Microsoft

C/C++ 0.24.0
C/C++ IntelliSense, debugging, and code browsing.
Microsoft

C# 1.21.0

Python、C#、Chrome、Unityなど、さまざまな言語用のデバッガが提供されています。

▣ デバッグ構成を追加する

デバッグビューを開きましょう。アクティビティバーの◉アイコンや、キーボードショートカットの「Ctrl」+「Shift」+「D」などから開くことができます。

左上のドロップダウンリストをクリックします。現在ワークスペース内にデバッグの構成ファイルが存在しないので、「構成の追加」をクリックしましょう。

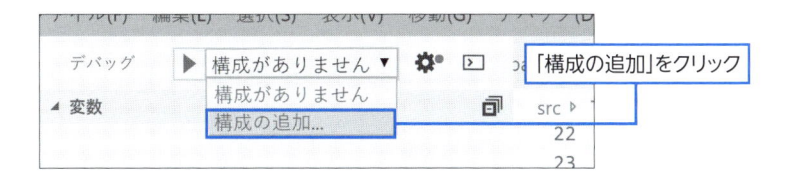

　環境を選択する選択肢が表示されるので、「Node.js」を選択します。デバッガがインストールされていれば、ここで表示されます。また、「More...」をクリックすると、デバッガをインストールすることができます。

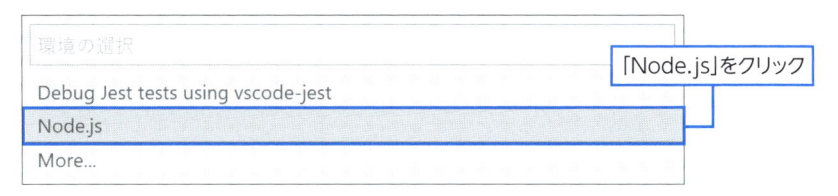

　デバッグ用の構成ファイル、launch.jsonが作成され、環境に応じてデバッグの雛形がいくつか追加されます。

　Jestの拡張機能をインストールしている場合は、テスト用のデバッグ構成も追加されるはずです。

```
{} package.json    {} tslint.json    TS app.ts    {} launch.json ✕

.vscode ▶ {} launch.json ▶ Launch Targets ▶ {} vscode-jest-tests
  1   {
  2       // IntelliSense を使用して利用可能な属性を学べます。
  3       // 既存の属性の説明をカバーして表示します。
  4       // 詳細情報は次を確認してください: https://go.microsoft.com/fwlink/?
  5       "version": "0.2.0",
  6       "configurations": [
  7           {
  8               "type": "node",
  9               "name": "vscode-jest-tests",
 10               "request": "launch",
 11               "args": [
 12                   "--runInBand"
 13               ],
 14               "cwd": "${workspaceFolder}",
 15               "console": "integratedTerminal",
 16               "internalConsoleOptions": "neverOpen",
 17               "disableOptimisticBPs": true,
```

▣ デバッグ構成を記述

　追加された"Launch Program"を編集して、ビルド後にserver.jsを起動するデバッグ構成を作成しましょう。

launch.json

```
{
  "type": "node",
  "request": "launch",
  "name": "Launch Server",
  "program": "${workspaceFolder}/dist/server.js",
  "preLaunchTask": "build",
  "outFiles": ["${workspaceFolder}/dist/**/*.js"]
}
```

　nameとprogram、preLaunchTaskをプロジェクトに合わせて変更しました。

　preLaunchTaskで、デバッグを行う前に実行するタスクを指定しています。ここでは"build"というタスクを使用しました。

　outFilesは生成されたJavaScriptファイルの位置をデバッガに明示的に教える項目です。生成されたJavaScriptファイル、それと同じ場所にあるソースマップにより、起動はJavaScriptのファイルでもTypeScriptファイルでデバッグが可能になります。

◉ 構成のスニペットを追加

　「構成を追加...」ボタンをクリックすることで、さまざまな環境用の構成のスニペットを入力することも可能です。

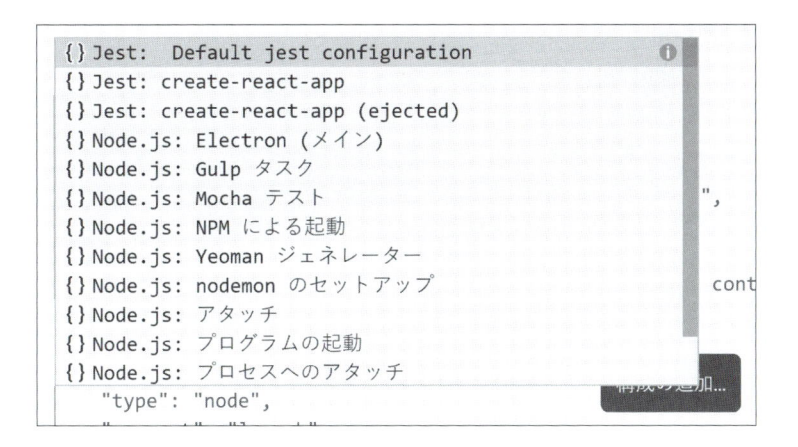

🔲 デバッグセッションの開始

それでは構成を元に、プログラムを起動してみましょう。

ドロップダウンリストには、各デバッグ構成の名前が表示されます。「Launch Server」を選択してみましょう。このとき、他に起動中のAPIサーバーや、3000番ポートを使用しているプロセスがないことを確認してください。

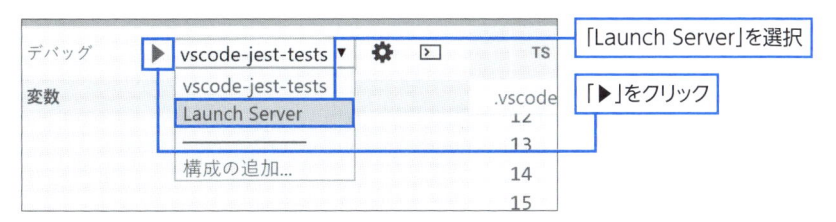

プログラムが起動し、デバッグセッションがはじまります。ブラウザから「http://localhost:3000」にアクセスし、APIサーバーが起動していることを確認しましょう。

● デバッグアクション

デバッグセッションがはじまると、デバッグツールバーがウィンドウのトップに表示されます。

キーボードショートカットを使用することもできます。

機能	Windows/Linux	macOS
デバッグの開始 / 続行	F5	F5
デバッグの停止	Shift+F5	shift+F5
デバッグなしで開始	Ctrl+F5	control+F5
デバッグの再起動	Ctrl+Shift+F5	cmd+shift+F5
ステップイン・ステップアウト	F11 / Shift+F11	F11 / shift+F11
ステップオーバー	F10	F10
一時停止	F6	F6

一度停止した後、再度キーボードショートカットから開始すると、前回と同じデバッグ構成で起動します。

ブレークポイントを使用する

ブレークポイントを使って、起動したプログラムのデバッグを行ってみましょう。

app.tsを開き、res.send("Hello, VS Code!!!");の行番号の左側をクリックして、ブレークポイントを追加します。

```
15
16    app.get("/", (req, res) => {
●  17    │ res.send("Hello, VS Code!!!")
18    });
19
```

ブラウザを再読込しましょう。すると、app.tsのブレークポイントを張った位置で、処理が止まったことがわかります。

　ブレークポイントを設定することで、プログラムの実行を停止させ、その時の変数の値や、コールスタックなどを調べることができます。

● ステップ実行

　ステップ実行で、処理を進めてみましょう。

　ブレークポイントで停止中に、デバッグツールバーの⤵アイコンをクリックするか、「F10」キーを押します。app.ts上で処理が一行進み、変数ビューの内容が変化します。

　続行は「F5」キーで、次のブレークポイントに止まるまで処理を進められます。

　ステップ実行を行うことで、プログラムの処理の流れや変数の値の変化を確認することができます。

● ステップオーバーとステップイン・ステップアウト

　ステップオーバーは呼び出した先の関数内はステップ実行せずに、すぐ次の行に進みます。ひとまず現在の関数の処理だけチェックしたい場合に使用します。

　ステップインは呼び出した先の関数内も一行ごとステップ実行することができます。ステップアウトは、呼び出し元に戻るまでプログラムを進めることができま

す。ステップインを使って関数内の処理を確認し、チェックが終わるとステップアウトで呼び出し元に戻る、という使い方をします。

🔳 変数を監視する

app.ts内では、tasksという配列にタスクの一覧を保持するようにしています。POSTリクエストでタスクを追加し、tasksが変化する様子を監視してみましょう。

◉ ウォッチ式の追加

ウォッチ式の⊞アイコンをクリックし、tasksとnewTaskを追加します。さらにconst received = req.body;の行にブレークポイントを追加します。

```
▲ ウォッチ式
    tasks: 無効
    newTask: 無効
```

◉ REST ClientでPOSTリクエストを送信

REST Clientを使用して、APIサーバーにリクエストを送信してみましょう。

3章で拡張機能をインストールしていない場合は、「REST Client」をインストールして、下記のように、リクエストを送信するファイルを作成してください。

client.http

```
POST http://localhost:3000/tasks HTTP/1.1
content-type: application/json

{
    "title": "メール返信",
    "category": "Work",
    "done": false
}
```

"Launch Server"を起動させたまま、client.httpのコンテキストメニューの「Send Request」をクリックしてみましょう。

インライン ブレークポイントを追加	Shift+F9
Send Request	Ctrl+Alt+R
Generate Code Snippet	Ctrl+Alt+C

「Send Request」を
クリック

ブレークポイントを設定した行で処理が停止し、app.tsにフォーカスが移動します。

```
▲ ウォッチ式                          28
 ▶ tasks: Array(1) [Object]          29    app.post("/tasks", (req, res) =>
   newTask: not available         ● 30      const received = req.body;
                                     31      if (isTaskItemsIncluded(receiv
                                     32        const newTask: Task = {
```

tasksに、1つのタスクが登録されていることがわかります。

数回ステップオーバーすると、ウォッチ式のnewTaskに値が入り、tasksにタスクが追加されたことがわかります。

```
▲ ウォッチ式                          34          title: received.title,
 ▲ tasks: Array(2) [Object, Ob…      35          done: received.done,
    length: 2                        36        };
  ▶ __proto__: Array(0) [, …]     ● 37        tasks.push(newTask);
  ▶ 0: Object {category: "Priv…     38        console.log("Add:", newTask);
  ▲ 1: Object {category: "Work…     39        res.send("An item has been added."
      category: "Work"               40      } else {
      done: false                    41        res.status(400).send("Parameters a
      title: "メール返信"          ● 42      }
    ▶ __proto__: Object {constr…     43    });
  ▶ newTask: Object {category: …     44
                                     45    export { app };
                                     46
```

このように、ウォッチ式を使用することで、変数の値の変化を監視することができます。

📑 起動中のプロセスにデバッガをアタッチする

既にターミナルなどでプログラムを起動しているときに、デバッガを使用したい場合も多いのではないでしょうか。そのような場合は、デバッガをプロセスにアタッチさせることで、起動中のプログラムを止めることなくデバッグを行うことができます。

launch.jsonに新たにデバッグ構成を追加しましょう。

launch.json

```json
{
  "name": "Attach by Process ID",
  "type": "node",
  "request": "attach",
  "processId": "${command:PickProcess}",
  "restart": true,
  "outFiles": [
    "${workspaceFolder}/dist/**/*.js"
  ]
}
```

「Launch Server」のtypeはlaunchでしたが、この構成ではattachを指定しています。attachは、デバッガが既に起動中のアプリやプロセスに接続するのに対し、launchはアプリやプロセスを起動した上でアタッチ処理をします。

　processIdでは、デバッグ開始時にプロセスを選択するという設定にしました。また、restartをtrueにすることで、プログラムの再起動時など、プロセス終了後もデバッガセッションを継続するようにしています。

◉ プロセスにアタッチする

　統合ターミナルから、npmスクリプトでAPIサーバーを起動しましょう。

```
> npm run watch
```

デバッグビューで「Attach by Process ID」を選択します。

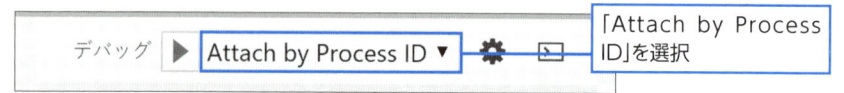

　プロセスを選択する選択肢が表示されるので、Debug Portが9229で、ローカルのts-node-devの絶対パスが指定されているものを選択してください。

```
Pick the node.js process to attach to

node  -r C:/Users/Saki/AppData/Local/Temp/ts-node-dev-hook-3624273877...
process id: 7108, debug port: 9229

node  "C:\Program Files\nodejs\\node_modules\npm\bin\npm-cli.js" run wa...
process id: 9528 (SIGUSR1)

cmd /d /s /c ts-node-dev --inspect -- src/server.ts
process id: 2344, debug port: 9229

node  "C:\Users\Saki\Documents\vscode-works\api-server\node_modules\....
process id: 1768, debug port: 9229

node  "c:\Users\Saki\Documents\vscode-works\api-server\node_modules\....
process id: 6260 (SIGUSR1)

Code  --nolazy --inspect=31704 "c:\Users\Saki\AppData\Local\Programs\Mic...
process id: 3944, debug port: 31704
```

「node 絶対パス〜port:9229」
をクリック

　デバッガが起動中のNode.jsのプロセスにアタッチされ、デバッグができるようになります。

```
問題  4    ターミナル    •••       2: Node デバッグ コン ▼   ✚  ⊓  🗑  ∧  ✕

Using ts-node version 8.3.0, typescript version 3.5.3Debugger listenin
g on ws://127.0.0.1:9229/77de085c-95a5-4f1d-b655-fef6173fbfd8
For help, see: https://nodejs.org/en/docs/inspector
API Server listening on port 3000!
Debugger attached.
[]
```

デバッガの設定オプション

launch.jsonで使用できる主要な項目について紹介します。すべての項目がどのデバッガでも使用できるわけではなく、デバッガによって使用できる項目が増減します。VS Codeで編集する際は、すべての名前と値でインテリセンスが効きます。

必須項目

名前	説明と値
name	デバッガビューのドロップダウンリストに表示される名前
type	使用するデバッガ。Node.jsではnode、GoやPHPのデバッガを使用する際はgoやphpなど
request	起動するか起動中のアプリに接続するかを選択。launchかattach

基本項目

名前	説明と値
address	デバッグポートのTCP/IPアドレスを指定。デバッガによっては、外部のIPアドレスを指定するとリモートデバッグが可能
args	launchのみ。プログラムに渡される引数を指定
cwd	デバッグされるファイルの作業フォルダーの絶対パスを指定
env	launchのみ。環境変数を設定する。変数を未定義にしたい場合はnullを使用する
envFile	launchのみ。環境変数の定義を含むファイルへの絶対パスを指定
port	起動中のプロセスにアタッチする際のポート
processId	アタッチするプロセスIDを指定。${command:PickProcess}にすることで、起動時にプロセスを選択できる
program	起動するプログラムや実行可能ファイルの絶対パス

タスク系

名前	説明と値
preLaunchTask	デバッグセッションをはじめる前に実行するタスクのラベル
postDebugTask	デバッグセッションが終わるたびに実行されるタスクのラベル

リモートデバッグ系

名前	説明と値
localRoot	プログラムがあるローカルフォルダーの絶対パス
remoteRoot	プログラムがあるリモートフォルダーの絶対パス

その他

名前	説明と値
console	launchのみ。プログラム起動時に使用するコンソール。デフォルトではデバッグコンソールだが、統合ターミナルや外部ターミナルを選択可能
internalConsoleOptions	デバッグコンソールパネルが開かれるタイミング
serverReadyAction	launchのみ。デバッグコンソールや統合ターミナル上で、特定のログが出力された際に、ブラウザで指定のURLを開くという設定ができる。たとえば「Listening on port 3000!」というログをサーバープログラムが出力した際に、ブラウザで「http:localhost:3000」を開くという設定が可能
stopOnEntry	プログラムを起動後すぐに停止させるかどうか
windows,osx,linux	Windows, macOS, Linuxでデバッグ実行時にのみ有効な設定を記述する

デバッガによって使える項目

● Node.js

Node Debugの設定項目の内、主要なものを以下に記載します。

名前	説明と値
protocol	Node.jsのデバッグプロトコル。'legacy','inspector','auto'から選択。'auto'の場合、Node.jsのバージョンが8以上なら'inspector'、それ以外は'legacy'となる。デフォルトは'auto'
restart	Node.jsが終了した後、セッションを起動させるか
runtimeVersion	使用するnodeランタイムのバージョン。nvmが必要
runtimeExecutable	使用するランタイム。絶対パス、もしくはPATH上で使用できるランタイム名。省略時は'node'
runtimeArgs	ランタイムに渡される引数

▶ SECTION-22

タスクとデバッガの設定ファイルで使用できる変数

launch.jsonとtask.json内で展開できる主な変数を紹介します。主にプログラムのパスを指定するために使用します。

🔲 変数と例

以下の表に、変数名とその値を表記しました。また、VS Codeで現在/home/usernameSampleAppが開かれ、/home/username/SampleApp/programs/app.jsがエディターでアクティブになっているとした場合の、展開される値も例として併記しています。

変数	説明	例
${workspaceFolder}	ワークスペースのルートパス。${workspaceFolder: DirName}とすると、マルチルートワークスペース時に各ルートフォルダーにアクセスできる。この場合DirNameというルートフォルダーのパスに展開される	/home/username/SampleApp
${workspaceFolderBasename}	/を含まない、VS Codeで開かれているフォルダーの名前	SampleApp
${file}	現在アクティブなファイル	/home/username/SampleApp/programs/app.js
${relativeFile}	workspaceFolderに相対的な、現在アクティブなファイル	programs/app.js
${fileBasename}	現在アクティブなファイルのベース名	app.js
${fileBasenameNoExtension}	現在アクティブなファイルの拡張子を含まないベース名	app
${fileDirname}	現在アクティブなファイルのフォルダー名	/home/username/SampleApp/programs
${fileExtname}	現在アクティブなファイルの拡張子	.js
${lineNumber}	アクティブなファイルで選択している行番号	
${selectedText}	アクティブなファイルで選択しているテキスト	
${execPath}	VS Code本体の場所	
${cwd}	起動時のタスクランナーの作業フォルダー	

● その他

変数	説明
${env:envName}	環境変数を参照できる。たとえば${env:PATH}の場合、PATHという環境変数の値に変換される
${config:configName}	VS Codeの設定を参照できる。参照されるのはそのワークスペースで適用されている値で、${config:python.pythonPath}の場合は使用しているPythonのパスに変換される
${command:PickProcess}	processIdで使用すると、プロセスを選択できる

🖃 オプションにユーザー入力を使用する

タスクやデバッグのオプションは、起動時にユーザーに入力させることができます。

変数	説明
${input:variableID}	inputsで定義した方法でユーザー入力やコマンドの結果をオプションの入力として使用することができる

● 入力オプション

変数	説明
promptString	入力ボックスを表示
pickString	ピッカーを表示
Command	ユーザー入力を行うコマンドを指定

● ユーザー入力によって実行するコマンドのオプションを指定する例

```
{
    "version": "2.0.0",
    "tasks": [
        {
            "label": "ng g",
            "type": "shell",
            "command": "ng",
            "args": [
                "g",
                "${input:componentType}",
                "${input:componentName}"
            ],
        }
```

```
    ],
    "inputs": [
        {
            "type": "pickString",
            "id": "componentType",
            "description": "What type of component do you want to
create?",
            "options": ["component", "directive", "pipe", "service",
"class", "guard", "interface", "enum", "enum"],
            "default": "component"
        },
        {
            "type": "promptString",
            "id": "componentName",
            "description": "Name your component.",
            "default": "my-new-component"
        }
    ]
}
```

What type of component do you want to create?

component 既定

directive

pipe

service

class

guard

interface

enum

enum

my-new-component

Name your component. ('Enter' を押して確認するか 'Escape' を
押して取り消します)

CHAPTER 05

Live Shareと
Remote Development

▶ 本章の概要 ◀

リモートのユーザーとファイルやターミナルを共有し共同開発を可能とするLive Share。リモートサーバーやコンテナ、WSLをシームレスに開発環境として提供するRemote Develpment。本章では開発シーンを変える、これら2つの機能について解説します。

Live Shareでリモート
ペアプログラミング!

VS Codeの特筆すべき便利な機能の1つに、Live Shareがあります。Visual Studio Live Shareはほかの人とワークスペースのファイルやターミナルを即座に共有し、編集やデバッグを同時に行える機能で、リモートでのペアプログラミング、モブプログラミングを実現するものです。セッションに参加しているメンバー間でのテキストチャットや音声チャットなどのコミュニケーションもサポートします。

セッションを開始するユーザーをホスト、セッションに参加するユーザーをゲストと呼びます。ネットワークなどの環境にも依存しますが、一つのセッションにゲストは最大30名まで参加できます。

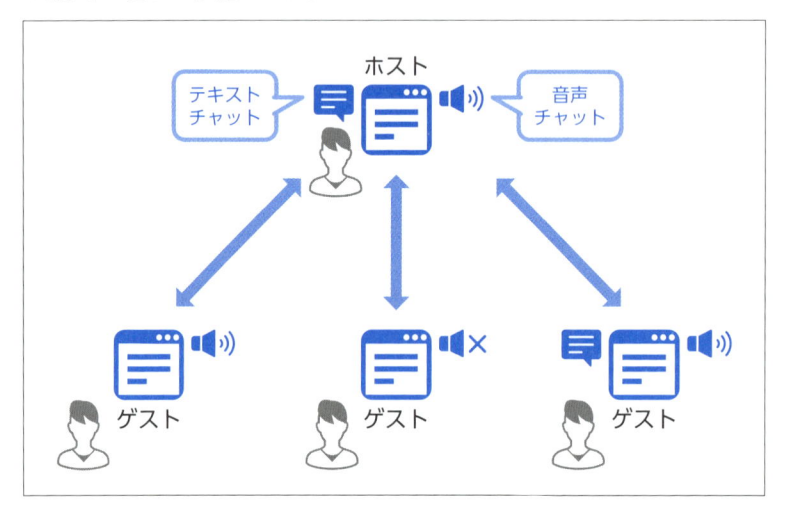

Live Share機能はVS Codeのユーザー同士だけではなく、Visual Studioのユーザーとも一緒に使用できます。たとえば、Visual Studioを使用した.Net Frameworkの開発プロジェクトを、遠隔のmacOSのVS Codeからデバッグすることも可能です。

▣Live Share Extension Packをインストール

拡張機能の「Live Share Extension Pack」をインストールしましょう。「Live

Share」「Live Share Audio」「Peacock」「Team Chat」を一括インストールできます。

　インストールが完了すると、ステータスバーにLive Shareのメニューが追加されます。

[🡥 Live Share]

🔲 Live Shareにサインイン

　ステータスバーのLive Shareをクリックすると、ブラウザが開き、Microsoftアカウント、もしくはGitHubアカウントでのサインインを求められます。どちらかのアカウントでサインインしましょう。

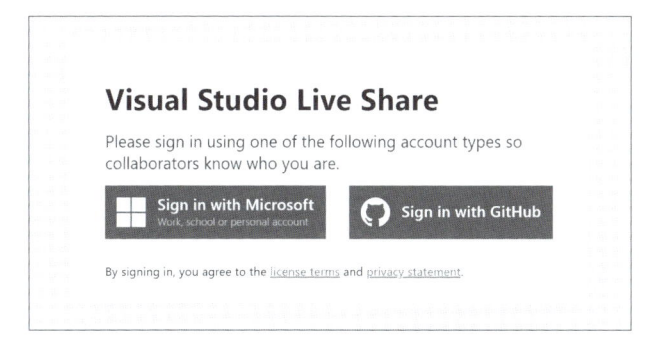

　サインインすると、VS Codeのステータスバーの表示が変わり、ユーザー名が表示されます。またLive Shareビューからセッションやアカウントの情報を見ることができます。

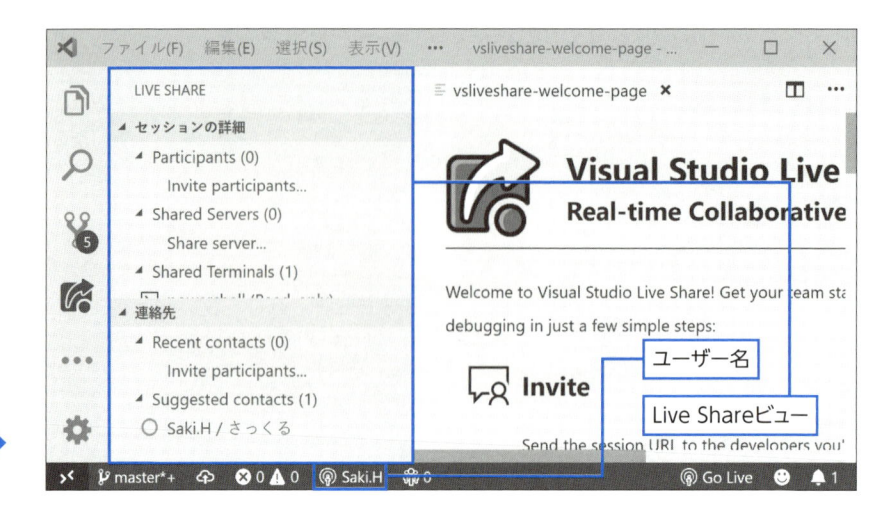

これで、Live Shareを使用する準備が整いました。

Live Shareで
リモートコラボレーション

Live Shareを使って具体的にどんなことができるのか見ていきましょう。本節ではWindowsのVS CodeからLive Shareのセッションを開始し、その後macOSのVS Codeを使用するユーザーがセッションに参加する例を紹介します。

ホストもゲストもLive Share Extension Packが必要です。

🔲 コラボレーションセッションを開始する

今回はExpressを使ったシンプルなNode.jsのプロジェクトを共有します。ホストは、共有したいフォルダーをワークスペースで開いた上で、VS CodeのステータスバーのLive Shareのユーザー名をクリックしましょう。

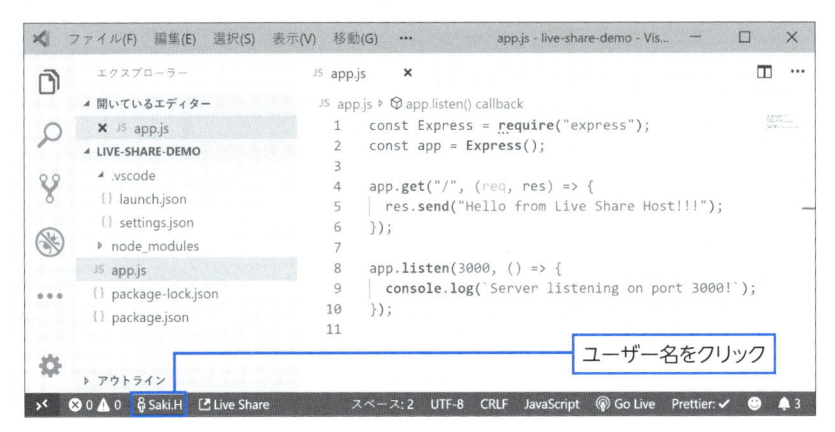

Live Shareメニュー（Live Share用の主要なコマンド）が表示されるので、「Start Collaboration Session」を選択します。セッションの開始は、ステータスバーの「Live Share」と書かれた部分をクリックすることでも可能です。

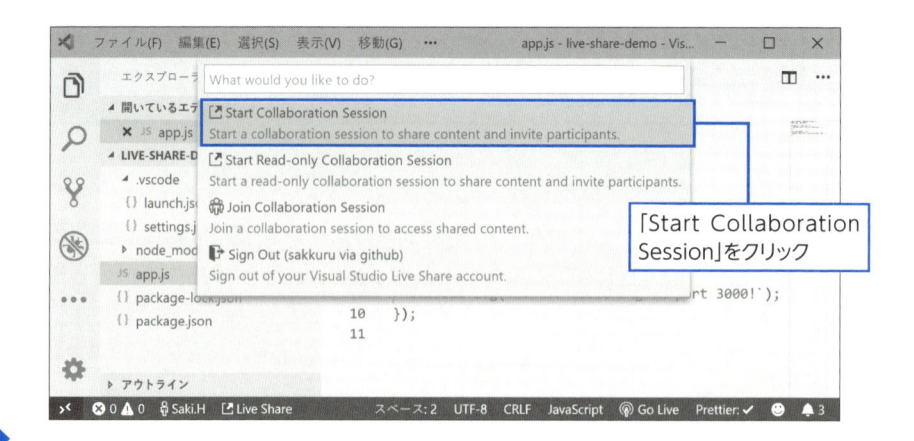

数秒してセッションを開始する準備が整うと、招待リンクが自動でクリップボードにコピーされます。

再度招待リンクをコピーする際は、Live Shareメニューの「Invite Others (Copy Link)」などから取得できます。このリンクをチャットやメールなど、何らかの形でゲストにシェアしましょう。

コラボレーションセッションに参加する

ゲストは受け取った招待リンクを開きましょう。

VS Codeのウィンドウが開かれ、コラボレーションセッションが開始します。

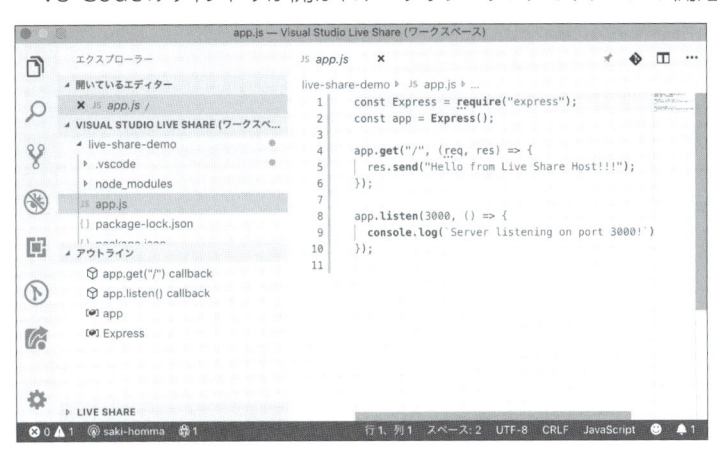

ホストのワークスペースがエクスプローラービューから確認できます。

ファイルの変更、フォーカス位置の共有

セッションに参加したゲストは自由にホストのワークスペースのファイルを編集することができます。入力は自動で保存されます。

また、参加者がフォーカスしているファイルやカーソル位置は、全員に共有されます。

ウィンドウの色を変更する

「Live Share Extension Pack」に同梱されている「Peacock」を使用して、ウィンドウの色を変更してみましょう。複数のウィンドウを使用している際に、どのウィンドウがLive Shareを使用しているのかがひと目で分かるようにします。

Live ShareとRemote Development

ホストはコマンドパレットの「Peacock: Change Live Share Color(Host)」を選択しましょう。

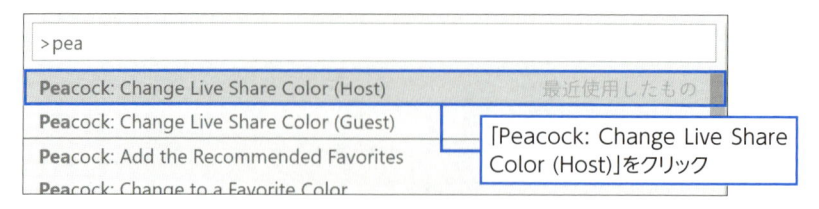

続いて配色パターンを選ぶことができます。

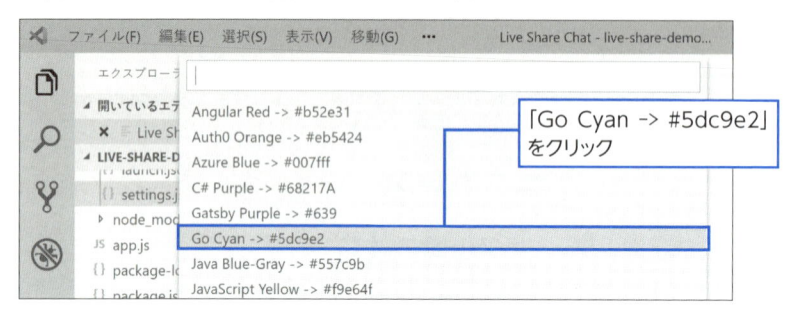

ゲストは「Peacock: Change Live Share Color (Guest)」で色を変更できます。本節では、以降ホスト側で「Go Cyan」、ゲストは「Something Different」を使用します。

▣ セッションの情報を確認する

アクティビティバーのLive Shareビューから、現在のセッションの情報の確認、設定の変更が可能です。テキストチャットや音声チャットもここから開くことができます。

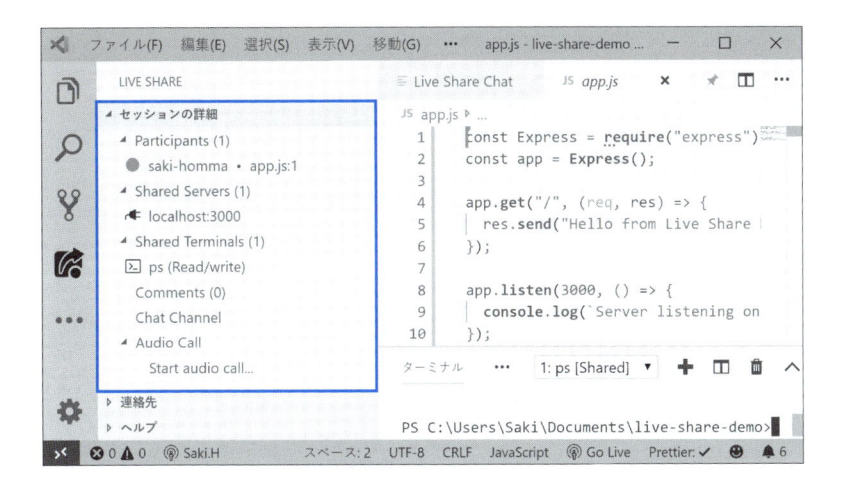

連絡先から、いままでコラボレーションしたメンバのログインメールアドレスの確認や、再度招待リンクを送信することができます。

コラボレーションメンバとテキストチャット

セッションが開始されると他のメンバ全員とテキストチャットが繋がります。ウィンドウはLive Shareビューや、コマンドパレットの「Chat: Open」などから開くことができます。

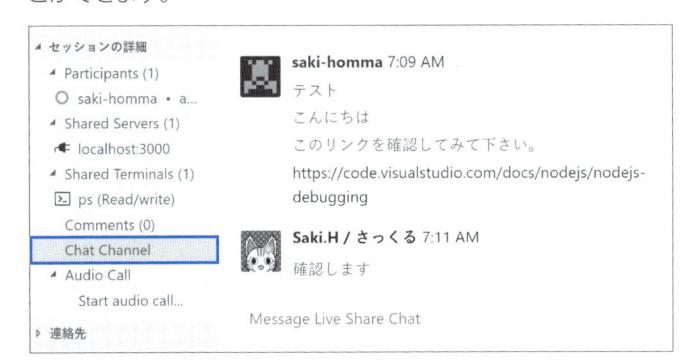

ユーザーをフォローする

セッションに参加したゲストは、何もしなければホストがフォーカスしているウィンドウに自動的に切り替わり、ホストのカーソル位置や入力を確認できます。これはホストをフォローしている状態です。フォロー中に他のファイルにフォーカスを移

動するとフォローを外すことができます。

　誰かをフォローしたい場合は、Live Shareビューの「Participants」からユーザーを選択し、○アイコンをクリックするか、コンテキストメニューの「参加者をフォロー」をクリックしましょう。

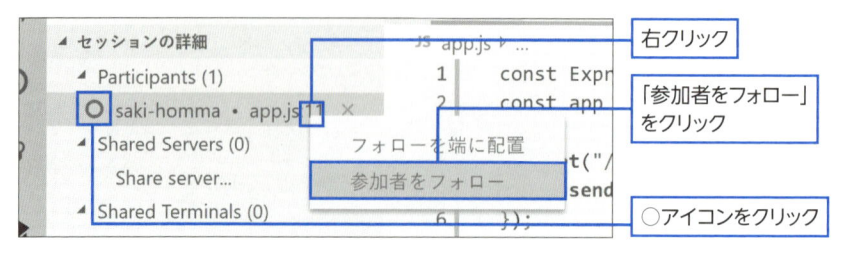

フォロー依頼の送信（Focus Request）

　コードの流れを説明するときなど、全参加者を強制的に自分をフォローする状態にすることができます。

　Live Shareビューの🔊アイコンや、Live Shareメニューの「Focus Participants」から、フォロー依頼を送信できます。

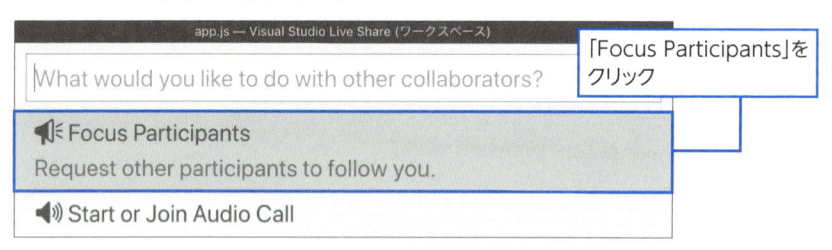

　この依頼を受け取った側は、強制的にそのユーザーをフォローした状態になります。

ターミナルの共有

　デフォルトでは、ゲストはホストのターミナルを表示することが可能です。ホストがターミナルを開くと、自動的にその内容やカーソル位置が共有されます。

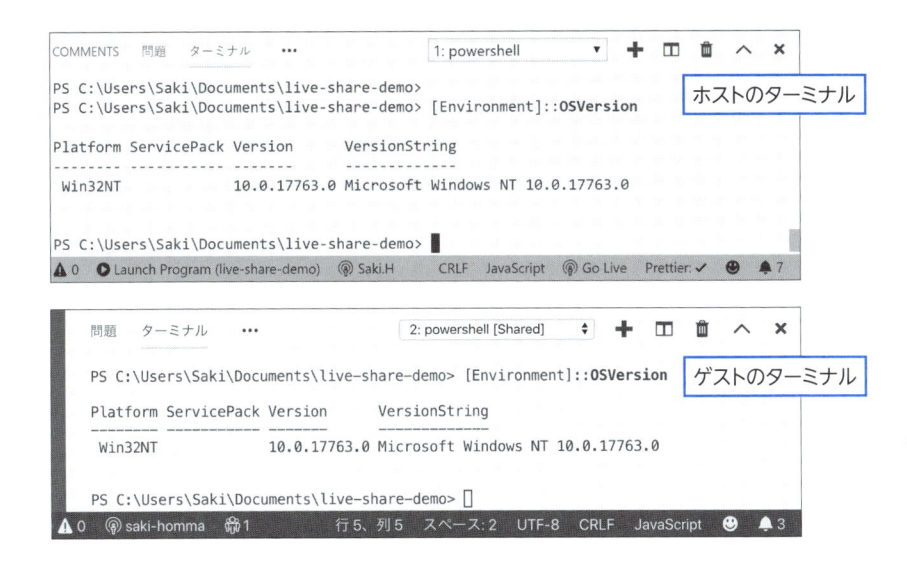

書き込み権限のあるターミナルの共有

ゲストが自由にホストのターミナルからコマンドを実行できるように設定を変更できます。

ホストがLive Shareビューの「Shared Terminals」の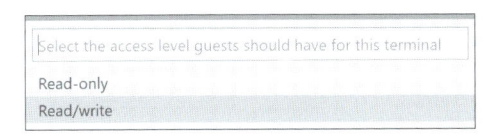アイコンをクリックすると、ターミナルのアクセス権限を選択できます。

「Read/write」を選択すると、ゲストがホストのターミナルにアクセスし、コマンドを実行できるようになります。

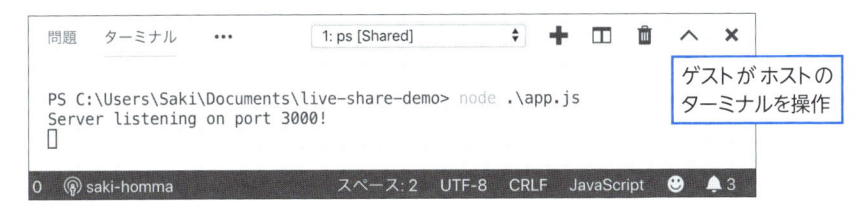

Live ShareとRemote Development

◉ ターミナルの共有の解除

ホストは「Shared Terminals」のターミナルの一覧の×アイコンや、コンテキストメニューの「ターミナルの削除」から、ターミナルの共有を解除できます。

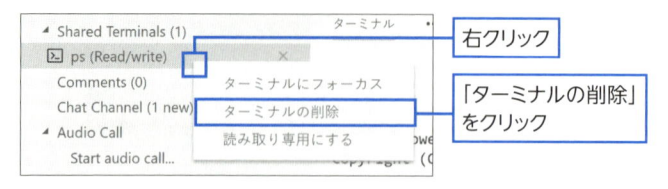

▣ サーバーの共有（ポートフォワーディング）

ゲストが、ホストのPC上で起動しているサーバープログラムにアクセスして、動作を確認できるようにすることができます。

ホストがLive Shareビューの「Shared Servers」の◀アイコンをクリックし、ゲストに共有したいポートを選択します。

続いて、オプションで設定の名前を入力します。

これでゲストが自分の環境の「localhost:3000」にアクセスすると、ホストの「localhost:3000」にフォワーディングされます。試しにホストのPC上でNode.jsのプログラムを動かしている状態で、ゲストのPC上のブラウザから「http://localhost:3000」を開いてみましょう。

ホストのPCで実行中のサーバーにアクセスすることができました。

◉ サーバーの共有の解除

ホストは「Shared Servers」のポートの一覧の⊘アイコンや、コンテキストメニューからポートの共有を解除できます。

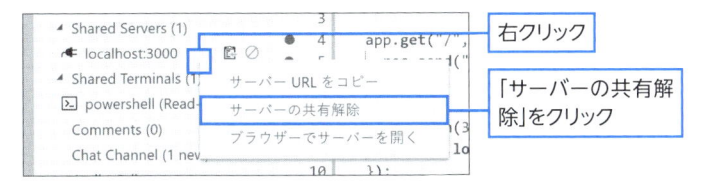

▣ デバッグセッションの共有

ホストがデバッグセッションを開始すると、ゲストもその情報を取得できます。ゲストはブレークポイントの設定やデバッグビューでの変数の状態の確認、ウォッチ式の追加が可能です。また、デバッグコンソールの確認や式の評価も行えます。

Live ShareとRemote Development

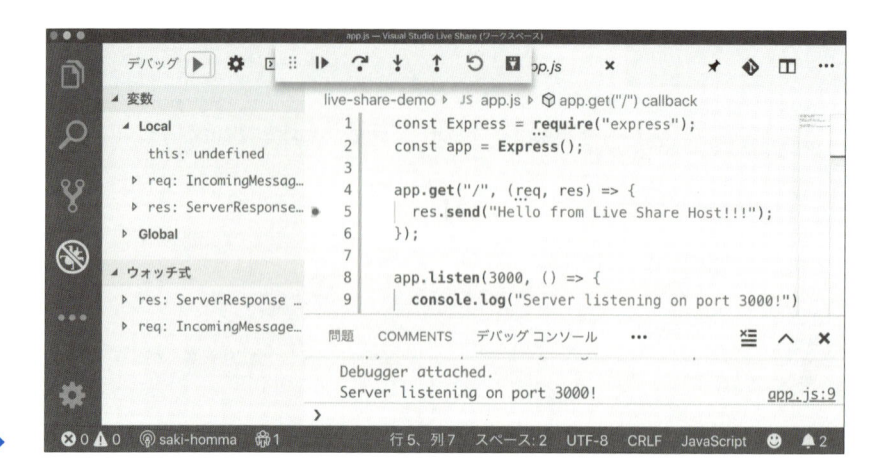

　デバッグのステップ実行や再起動などのアクションは、ゲストも行うことが可能です。

🔁 デバッグやタスクの実行の許可

　デフォルトではデバッグセッションやタスクの実行は、ゲストには許可されていません。しかし設定エディターで変更が可能なので、ワークスペースのsettings.jsonで制御するとよいでしょう。

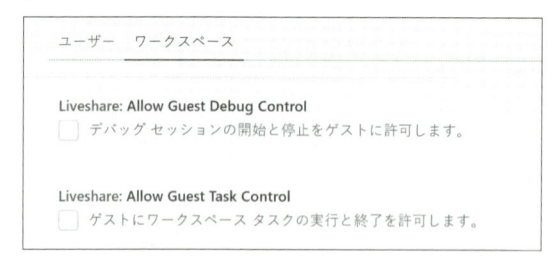

　タスクやデバッグが、ゲストでも実行できるようになります。

🔁 セッションメンバと音声通話

　「Live Share Extension Pack」に同梱されている「Live Share Audio」を使用して、セッション内のメンバ同士で音声通話が可能です。
　Live Shareビューの「Start Audio Call...」を選択するか、Live Shareメニューの「Start or Join Audio Call」などから、音声通話の開始や参加ができます。

　誰かが音声通話を開始すると、他のメンバにはメッセージが表示され、音声通話に参加できるようになります。

> ⓘ An audio call has been started for this collaboration session.　⚙ ✕
> ソース: Live Share Audio (拡張機能)　[Join]　[Always join]

5
Live ShareとRemote Development

　通話に参加すると、Live Shareビューの「Audio Call」に参加中のメンバが表示され、ミュート/アンミュートの切り替えが可能です。

> ◢ Audio Call Participants (2)
> 　◀ saki-homma (you)
> 　◀ Saki.H / さっくる

　また、⚙アイコンをクリックすると、使用するマイクやスピーカーを変更することができます。

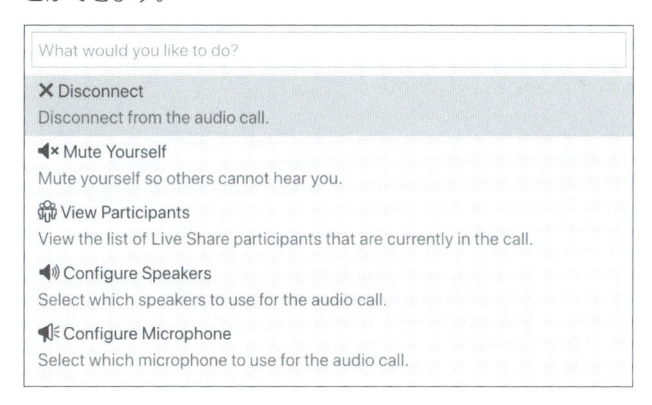

◉ 音声通話の切断

Live Shareビューの「Audio Call」の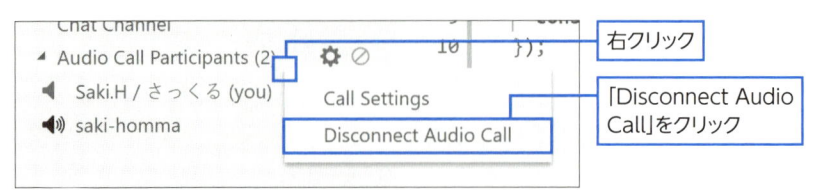アイコンや、コンテキストメニューなどから、音声通話を抜けることができます。

右クリック

「Disconnect Audio Call」をクリック

⊡ コラボレーションセッションの退席・終了

セッションを退席したり、終了したい場合は、Live Shareビューのセッションの詳細の⊘アイコンをクリックしましょう。また、Live Shareメニューの「Leave Collaboration Session」（ゲスト）や「Stop Collaboration Session」（ホスト）などからも、退席や終了が可能です。

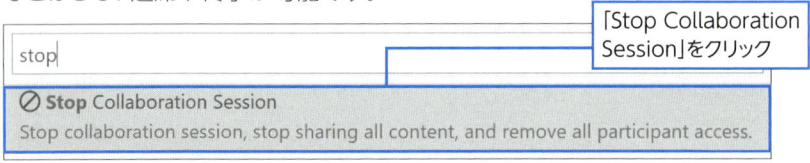

「Stop Collaboration Session」をクリック

Live ShareとRemote Development

Remote Developmentでローカル以外の開発環境を使用しよう

Remote Developmentは2019年5月にプレビュー版がリリースされた拡張機能のパックで、リモートのVMやサーバー、コンテナ、WSLなどローカル以外の開発環境をローカルと同様に使用できるよう支援するものです。

◨Remote Developmentの3つの拡張機能

Remote Developmentは、メインとなる3つの拡張機能から構成されます。

- Remote - SSH
- Remote - Containers
- Remote - WSL

開発環境となるプラットフォームと場所がどこであれ、ローカルでVS Codeで開発するのと同様の環境を提供する、というのがこれらの機能です。

たとえば開発マシンがWindowsでデプロイ先がLinuxという場合に、リモートのLinuxマシンを開発環境とすることで、プラットフォームの違いによる影響や問題を減らすことができるでしょう。

◉ Remote - SSH

クラウド上のサーバーやローカルのVMなどを開発環境とする際に使用します。通信はSSHで行います。

開発マシンよりもハイスペックのサーバーを開発環境に使用することや、さまざまな場所からリモートの開発環境にアクセスすることが可能になります。また、クラウド上などで実行中のアプリケーションもデバッグできます。

◉ Remote - Containers

開発環境としてコンテナを使用する際に便利な機能を提供します。多くの開発環境用にコンテナ設定が準備されているだけでなく、独自のコンテナを使用する

ことも可能です。

　コンテナを開発環境として使用すれば、既存のローカル環境の影響を受けないか、あるいは破壊しないかといった心配をせずにすみます。また、チームメンバが増えた際にも、同じ開発環境を短時間で使用可能にできるでしょう。

● Remote - WSL

　Windows Subsystem for Linux (WSL) を開発環境とする際に使用します。Windowsを使用しながら、Linuxベースのプログラムの実行やデバッグを行えるようになります。

　また、WSLやマウントされたWindowsのファイルシステム上のファイルを編集することもできます。

⊡Remote Developmentをインストール

　「Remote Development」という拡張機能のパックで、メインの3つの拡張機能をまとめてインストールできます。

　インストールすると、ステータスバーの左端にRemote Development用のアイコンが追加され、主要なコマンドはここから実行できるようになります。

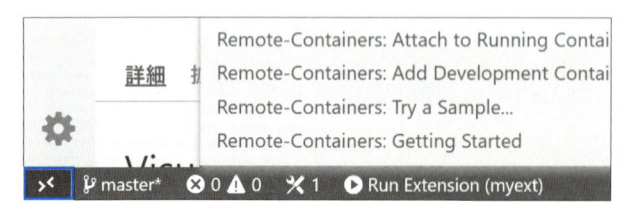

コンテナ内で開発・デバッグしよう

本節ではPythonのプロジェクトを例に、ローカルのコンテナ内で開発を行う方法を紹介します。

🔅 Dockerのインストール

まずはコンテナの管理ツールであるDockerを開発用のマシンにインストールしましょう。

◉ Windows／macOS

下記にアクセスし、「Docker Desktop for Windows／Mac」をインストールして下さい。

https://www.docker.com/products/docker-desktop

Windowsの場合、Windows 10 Professional／Enterpriseの64bit版である必要があります。

◉ Linux

下記を参考に、ディストリビューションに対応したDockerのCommunity EditionかEnterprise Editionをインストールして下さい。

https://docs.docker.com/install/

🔅 まっさらな開発用コンテナを作成・起動する

コンテナの設定があらかじめ用意されているので、コマンドから簡単に環境を構築できます。コマンドパレットから、「Remote-Containers: Open Folder in Container...」を実行します。

```
Remote-Containers: Reopen Folder in Container
Remote-Containers: Open Folder in Container...
Remote-Containers: Attach to Running Container...
```

開くフォルダーを選択できるので、空のフォルダーを選択しましょう。続いてコンテナの設定ファイルを選択するピッカーが表示されます。

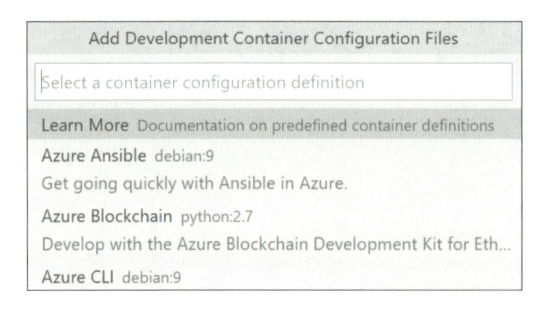

　様々な環境用の設定があらかじめ用意されています。ここでは「Python 3」を選択してみましょう。ローカルにPython 3がインストールされている必要はありません。

Python 3 python:3
Develop Python 3 applications.

　Dockerイメージのダウンロードやコンテナの起動がはじまります。この処理は数分かかることがあります。

ⓘ Installing Dev Container (details): Building an image from the Dockerfile.

　コンテナの起動が終わると、コンテナ内のファイルシステムにVS Codeが接続します。

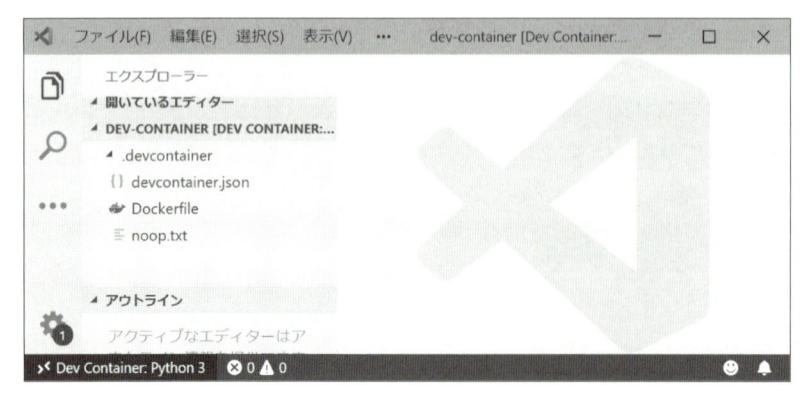

　.devcontainerというフォルダーが作成されています。中には生成された

devcontainer.jsonやDockerfileが含まれています。また、ステータスバーの表示が「Dev Container: Python 3」となっていることがわかります。

後はコンテナ内であることを意識せずに、開発を進められます。

▣ devcontainer.jsonで開発用コンテナを設定する

VS Codeは.devcontainerのdevcontainer.jsonや、その中で指定したビルドコンテキストやDockerfileを読み込みます。「Remote-Containers: Open Folder in Container...」で開いたフォルダーに、これらのファイルがなければ選択に基づいて生成し、存在する場合はそれらを用いてコンテナを作成します。

たとえば"Python 3"で作成されたdevcontainer.jsonは以下のようなものです。

devcontainer.json

```
{
    "name": "Python 3",
    "context": "..",
    "dockerFile": "Dockerfile",
    "extensions": [
        "ms-python.python"
    ],
    "settings": {
        "python.pythonPath": "/usr/local/bin/python",
        "python.linting.pylintEnabled": true,
        "python.linting.enabled": true
    }
}
```

nameはワークスペースで表示される名前です。contextはdevcontainer.jsonから見た、ビルドコンテキストのパスを表しています。指定したパスにファイルやフォルダーがあれば、コンテナ内にコピーされます。dockerfileはDockerfileの相対パスです。

extensionsはコンテナ内で使用する拡張機能で、コンテナ作成時に自動でインストールされます。settingsはsettings.jsonと同じで、コンテナ内で使用する設定を記述します。

カスタマイズした環境を使用したい場合は、devcontainer.jsonを作成しましょう。

5

Live ShareとRemote Development

🖳 コンテナ内で開発しよう

コンテナ内を開発環境として、簡単なWebサーバーを作るコードをPython3で書いてみましょう。

統合ターミナルを開き、新しいターミナルを作成してコマンドを打ちます。

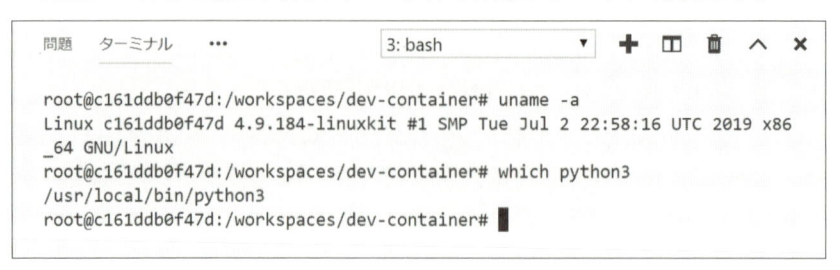

コンテナ内の情報を出力していることがわかります。

今回はFlaskというフレームワークを使用するので、pipを使って開発環境にインストールしましょう。

```
> pip install Flask
```

◉ コンテナでのファイル・フォルダーの作成・編集

コンテナでも、ローカルで開発するサイトと同様に、エクスプローラービューやメニューからファイルやフォルダーを作成することができます。

まずはmain.pyというファイルを、ワークスペースのトップに作成しましょう。Flaskを読み込んで、「Hello from Container!!」と文字列を返すWebサーバーを記述します。

main.py

```
from flask import Flask
app = Flask(__name__)


@app.route('/')
def hello():
    res = "Hello from Container!!"
    return res
```

```python
if __name__ == "__main__":
    app.run(debug=True)
```

◉ コンテナ内で拡張機能を使用

インテリセンスやLintといった開発言語系のものからデバッグまで、さまざまな拡張機能をコンテナ内でも使用することができます。devcontainer.jsonのextensionにある拡張機能はあらかじめインストールされます。またフォーマッタなど、おすすめの拡張機能があれば提案されます。

Pythonファイルを編集中、以下のようなメッセージが表示された場合は、任意のものを選択しましょう。フォーマッタを使用することができます。

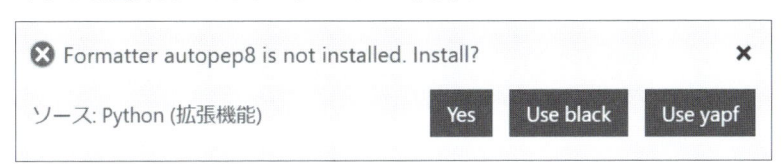

「Python」の拡張機能を使用しているので、エラーがあると問題パネルに表示されます。

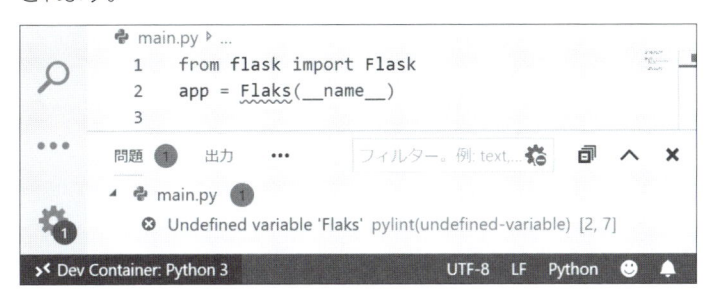

⊡ ポートフォワーディング

統合ターミナルに以下のコマンドを入力することで、main.pyを実行することができます。

```
> python3 main.py
```

```
 ...

 * Running on http://127.0.0.1:5000/ (Press CTRL+C to quit)
```

　5000番ポートでサーバーが起動しました。しかしこれはコンテナ内の話なので、ローカルのブラウザからアクセスすることはできません。

　そこで、ポートフォワーディングするよう設定を行いましょう。コマンドパレットから「Remote-Containers: Forward Port from Container...」を選択し、続いて「5000」と入力します。

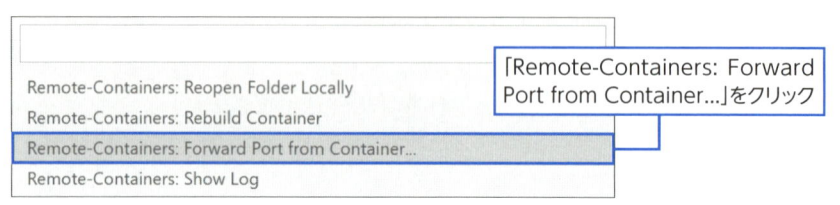

　ローカルのブラウザから「http://127.0.0.1:5000/」にアクセスしてみましょう。

　コンテナ内のサーバーにアクセスすることができました。このように簡単にポートフォワーディングを設定することができます。

コンテナ内のプログラムのデバッグ

　デバッガを使用して、コンテナ内のプログラムのデバッグを行ってみましょう。

　デバッグビューを開き、「構成の追加...」を選択します。構成を選択できるので、「Flask」をクリックします。

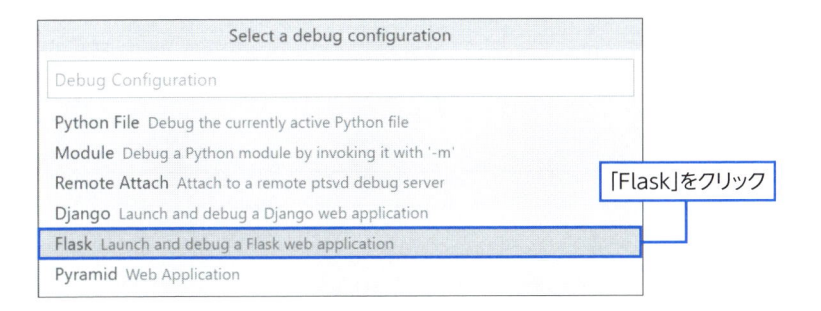

プログラム名を「main.py」とします。

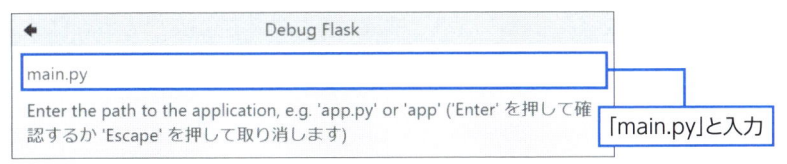

Flaskアプリのデバッグ構成が追加されました。

早速起動してみましょう。統合ターミナルでサーバーを立ち上げている場合は、その前に落として下さい。サーバーが起動するので、ブラウザから確認できます。

ブレークポイントを設定してみましょう。

```
5    @app.route('/')
6    def hello():
●   7        res = "Hello from Container!!"
8        return res
9
```

ブラウザをリロードすると、ブレークポイントの位置で処理が止まり、変数などが確認できます。

5

Live ShareとRemote Development

153

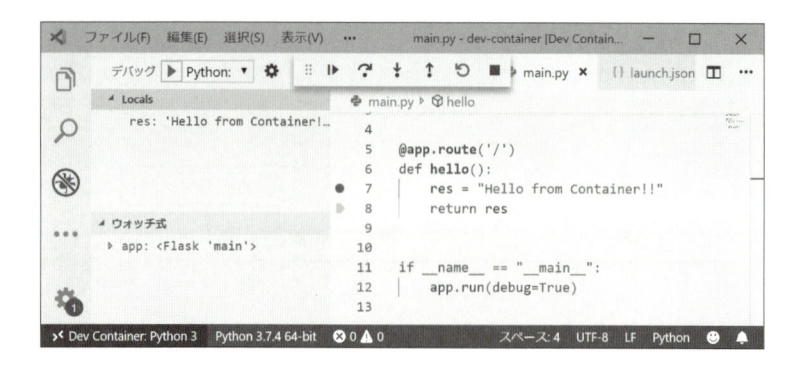

コンテナ内のプログラムも、ローカルと同様にデバッグできることがわかりました。

接続の終了

Remote Developmentメニューの「リモート接続を終了する」から、接続を終了させることができます。

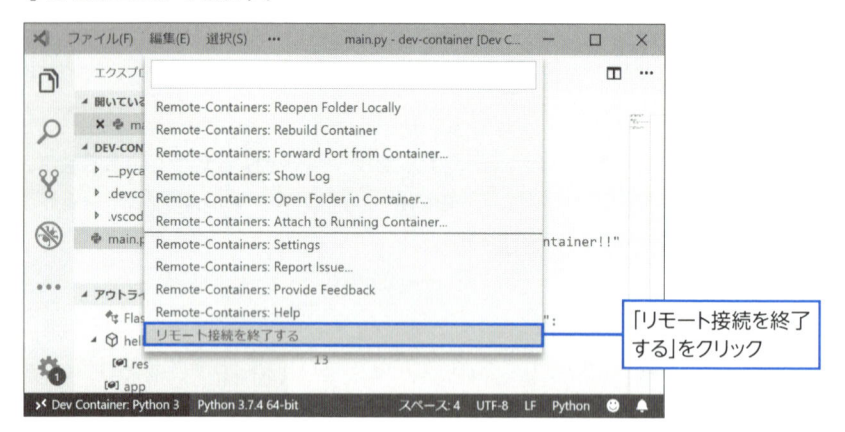

「リモート接続を終了する」をクリック

SSH接続やWSLを使用しているときも、同様に「リモート接続を終了する」で終了できます。

クラウド上のサーバーを 開発環境として使おう

リモートのサーバーにSSHで接続し、開発環境として使用することができます。本節ではクラウド上のLinux VMを使用する例を紹介します。

まずはVMを作成し、22番ポートをExposeにし、公開鍵で認証できるよう設定して下さい。接続先は現在のところLinuxのディストリビューションに限られます。

⊡ AzureでVMを作成する

Linuxの環境がない場合は、Azure上でVMを作成してみましょう。AzureはVS Codeを開発しているマイクロソフトが提供するクラウドサービスです。

下記から、無料のAzureアカウントを作成できます。

https://azure.microsoft.com/ja-jp/free/

アカウント作成後、下記のドキュメントを参考にVMを作成しましょう。

https://docs.microsoft.com/ja-jp/azure/virtual-machines/linux/quick-create-portal

⊡ 新規接続の追加

VS Codeのアクティビティバーに追加されたアイコンをクリックし、「Remote-SSH」ビューを開きます。ここからSSH接続の管理ができます。

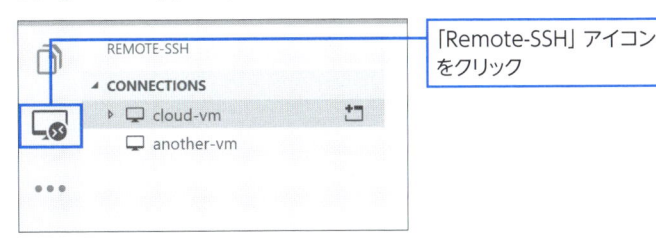

「Remote-SSH」アイコン
をクリック

「Connections」の⚙アイコンをクリックすると、SSHの設定ファイルを選択できます。

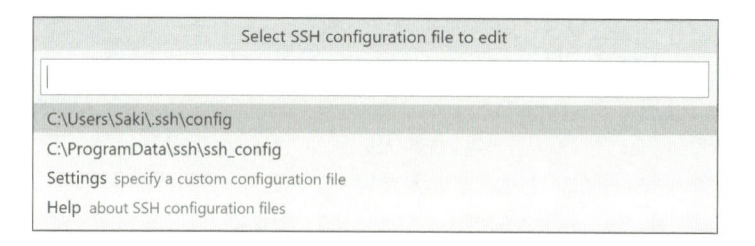

　設定ファイルを開き、接続するサーバーのIPアドレスやユーザー名などの項目を追加しましょう。

SSHの設定例

```
Host 接続名
    Host ホスト名 or IPアドレス
    User ユーザー名
    IdentityFile 秘密鍵のパス
```

リモートに接続

　「Connections」に追加した接続名が表示されるので、アイコンをクリックしましょう。接続が開始されます。はじめて接続する場合は、Finger printが表示されるので、「Continue」をクリックします。

```
"cloud-vm" has fingerprint
"SHA256:0F6+pPy6T7fWFN/9CtYwErvUAHJhVuwbKpRJAjmG+Jo".

Continue                                          「Continue」をクリック
Cancel
```

　接続が成功すると、ウィンドウが切り替わり、ステータスバーに接続中のサーバーの情報が表示されます。

`>< SSH: cloud-vm  ⊗`

　エクスプローラービューで「フォルダーを開く」をクリックすると、サーバー内のフォルダーを開くことができます。

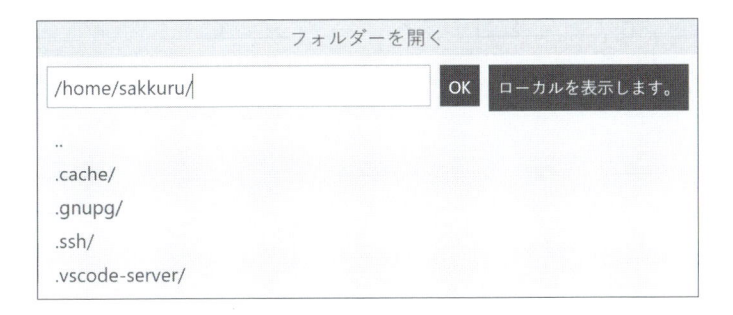

リモートでもローカルと同様にデバッグ機能や拡張機能、統合ターミナルが使えます。

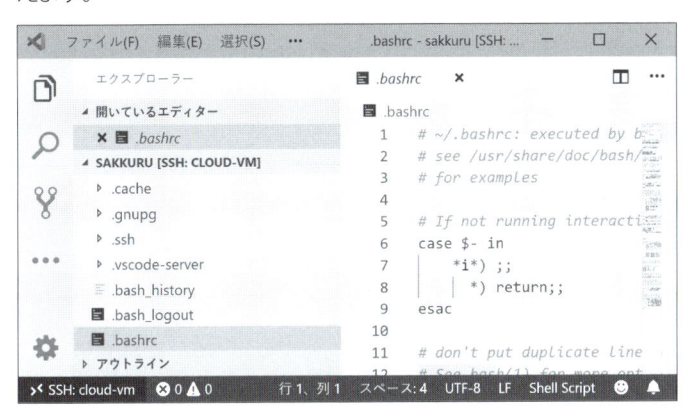

WSLを使ってLinuxベースで開発しよう

Windows上のVS Codeから、Windows Subsystem for Linux(WSL)を使用してみましょう。この機能はWindows 10でしか使用できません。

🔲 LinuxをWindowsにインストール

何らかのLinuxのディストリビューションが、Windows 10の環境にインストールされている必要があります。まずはWSLを有効化するために、PowerShellをAdmin権限で開いて以下のコマンドを実行しましょう。

```
> Enable-WindowsOptionalFeature -Online -FeatureName Microsoft-Windows-
Subsystem-Linux
```

続いて、Microsoft StoreからLinuxを取得します。本節ではUbuntu 18.04 LTSを使用しますが、OpenSUSEやDebianなど、ほかのディストリビューションでも問題ありません(2019年8月現在、Alpine LinuxはVS Code Insidersでのみ対応しています)。

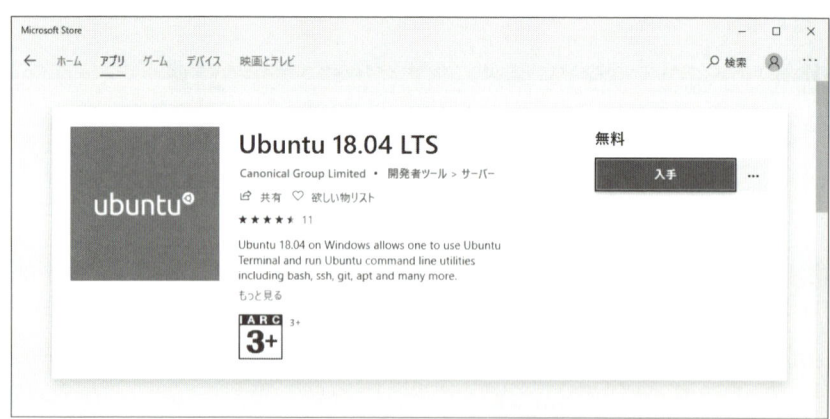

インストール後、スタートメニューからUbuntuを起動し、ユーザーを作成しておきます。

WSLに接続

コマンドパレットから、「Remote-WSL: New Window」を選択します。

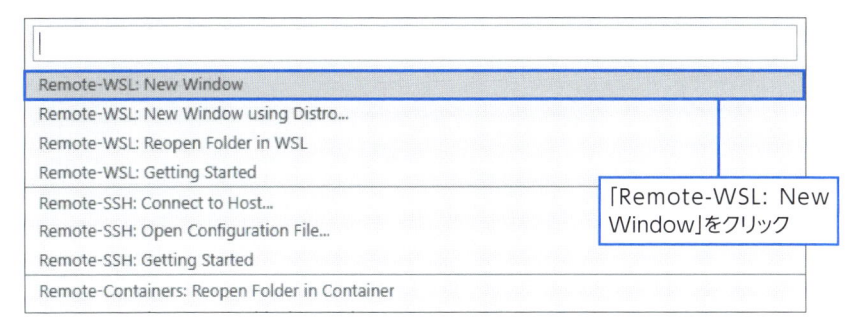

デフォルトのディストリビューションにVS Codeが接続を開始します。
接続すると、ステータスバーの表示が変わります。

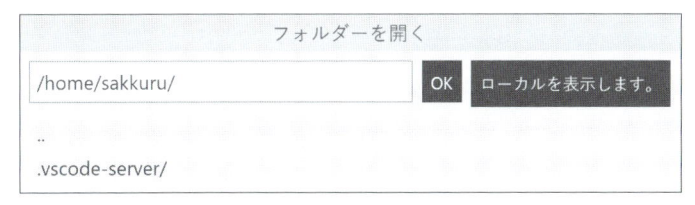

　エクスプローラービューの「フォルダーを開く」をクリックし、開くフォルダーを選
択しましょう。

フォルダーを開く		
/home/sakkuru/	OK	ローカルを表示します。
..		
.vscode-server/		

　フォルダーが開かれます。ローカルと同様にデバッグ、拡張機能や統合ターミ
ナルの使用が可能です。

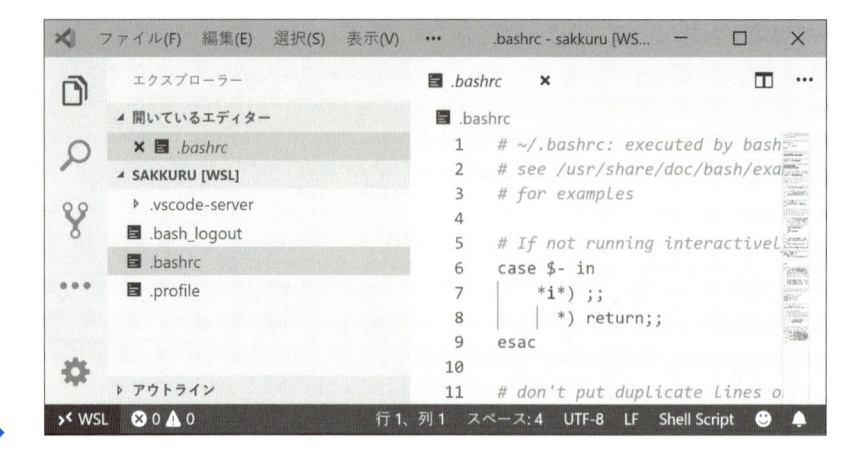

CHAPTER

06

VS Codeを
もっと使いやすく
カスタマイズしよう

▶ **本章の概要** ◀

VS Codeはエディターの機能やキーボードショートカット、外観、スニペットなどさまざまな項目をカスタマイズすることができます。本章では設定方法や各種カスタマイズ項目、設定の同期方法などを紹介します。

設定エディターとsettings.json

VS Codeは多くの機能をカスタマイズすることができます。本節では設定エディターの使い方、settings.json、設定の優先順位などについて解説します。

設定エディターを開く

VS Codeの設定は「ファイル」→「基本設定」→「設定」(macOSの場合は「Code」→「基本設定」→「設定」)から行えます。本書ではこのインターフェイスの設定画面を設定エディターと呼びます。

キーボードショートカットは「Ctrl」+「,」です。使う機会が多い機能なので、キーボードショートカットを覚えておくとよいでしょう。

設定の効果範囲と優先順位

設定には「ユーザー」と「ワークスペース」というタブがあります。マルチルートワークスペースを使用している場合は、「フォルダー」というタブも追加されます(ワークスペースやマルチルートワークスペースについては1章参照)。

「ユーザー」を変更すると、グローバルな変更となり、「ワークスペース」を変更するとワークスペースにのみ、「フォルダー」はそのフォルダーにのみ反映されます。

タブごとの設定が異なる場合、フォルダー、ワークスペース、ユーザー、デフォル
トの順に優先されます。

settings.jsonから設定

VS Codeでは各設定をsettings.jsonというファイルにJSON形式で保存して
います。設定エディターを使用することで編集可能ですが、設定エディターを使
用せず、settings.jsonを直接編集して設定を行うこともできます。

● settings.jsonを編集

コマンドパレットの「基本設定: 設定(JSON)を開く」から、ユーザー設定の
settings.jsonを開けます。

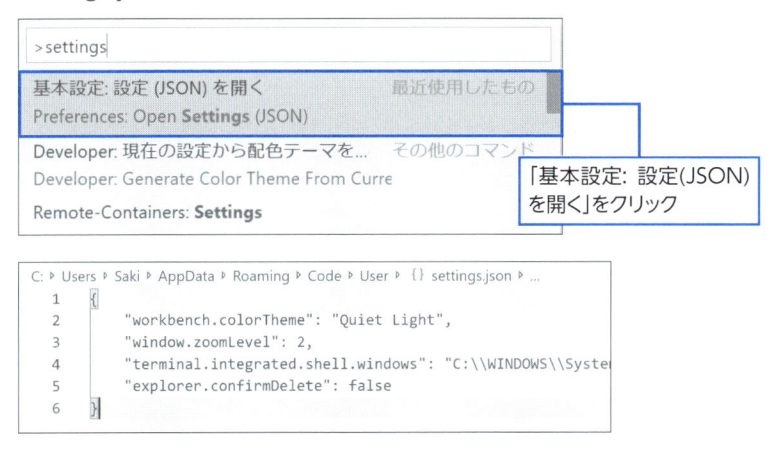

ワークスペース固有の設定を行う場合は、ワークスペースのトップの.vscode
フォルダー内にsettings.jsonを作成して設定を記述します。

```
.vscode ▶ {} settings.json ▶ ...
  1 ⊟ {
  2         "editor.formatOnSave": true
  3     }
```

マルチルートワークスペースの場合は「XXX.code-workspace」というファイ
ルを使用します。

デフォルトの設定を確認

VS Codeのデフォルト設定は、コマンドパレットの「基本設定: 規定の設定

(JSON)を開く」から確認することができます。

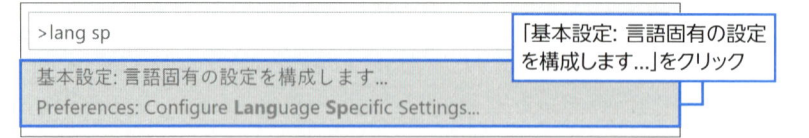

```
> settings json
```

基本設定: 既定の設定 (JSON) を開く
Preferences: Open Default **Settings** (**JSON**)

基本設定: 設定 (JSON) を開く
Preferences: Open **Settings** (JSON)

「基本設定: 規定の設定
(JSON)を開く」をクリック

```
{} defaultSettings.json ✕
    1   {
    2       // 差分エディターが、先頭または末尾の空白の変更を差分として表示する
    3       "diffEditor.ignoreTrimWhitespace": true,
    4
    5       // 差分エディターが追加/削除された変更に +/- インジケーターを示す
    6       "diffEditor.renderIndicators": true,
    7
```

デフォルト設定が保存されている「defaultSettings.json」は編集できません。
設定を変更したい場合は、設定エディターかsettings.jsonで同じ項目の設定を
追加し、上書きします。

言語固有の設定

VS Codeでは、各開発言語ごとに固有の設定を行うことができます。
コマンドパレットの「基本設定: 言語固有の設定を構成します...」を選択します。

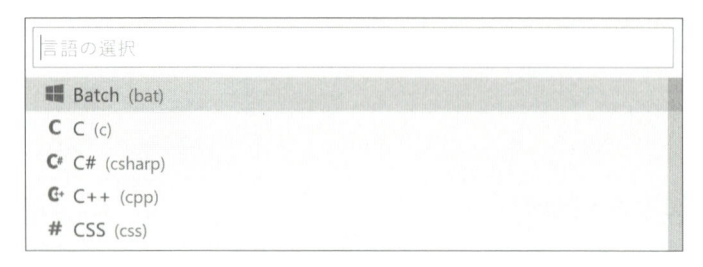

```
> lang sp
```

「基本設定: 言語固有の設定
を構成します...」をクリック

基本設定: 言語固有の設定を構成します...
Preferences: Configure **Lang**uage **S**pecific Settings...

言語を選択すると、settings.jsonに言語固有の設定を追加することができま
す。

```
言語の選択

⊞ Batch (bat)

C C (c)

C# C# (csharp)

C++ C++ (cpp)

# CSS (css)
```

6

VS Codeをもっと使いやすくカスタマイズしよう

ステータスバーの言語モード表示からも、設定を追加できます。

```
言語モードの選択

自動検出
'.html' に対するファイルの関連付けの構成...
'HTML' 言語ベース設定を構成します...
'.html' の Marketplace の拡張機能を検索する ...
  ≡ Azure CLI Scrapbook (azcli)                        言語 (識別子)
  ≡ Azure Pipelines (azure-pipelines)
  ■■ Batch (bat)
```

言語固有設定の優先順位

いくつかの言語では、デフォルトで言語固有の設定が入っています。

```
"[yaml]": {
  "editor.insertSpaces": true,
  "editor.tabSize": 2,
  "editor.autoIndent": false
}
```

これらは一見優先度が低く見えますが、言語固有設定は一般の設定より優先度が高い設定です。

VS Codeのデフォルトの設定には、上記のようにYAML用の言語固有設定が入っています。この状態で、ワークスペースに以下のようなsettings.jsonを作成したとしても、言語固有の方が優先度が高いので、YAMLのタブサイズは変わりません。

```
"editor.tabSize": 4
```

この場合は、ワークスペースの設定でも言語固有の設定を入れる必要があります。

```
"[yaml]": {
  "editor.tabSize": 4
}
```

コーディングに関する設定は、基本的に言語固有の設定を行ったほうがよいでしょう。

6

VS Codeをもっと使いやすくカスタマイズしよう

■ 設定のリセット

設定エディターで、ある項目をデフォルト値に戻すには、項目の左側にカーソルを置くと表示される⚙から行います。クリックするとメニューが表示されるので、「設定をリセット」を選択します。

■ 設定の保存場所

ユーザー設定のsettings.jsonは以下の場所に保存されます。

プラットフォーム	保存場所
Windows	%APPDATA%\Code\User\settings.json
macOS	$HOME/Library/Application Support/Code/User/settings.json
Linux	$HOME/.config/Code/User/settings.json

ワークスペース設定は、ディレクトリのトップにある.vscodeフォルダー内に格納されます。マルチルートワークスペースの場合は、ワークスペースの設定ファイル（XXX.code-workspace）の中に追記されます。

settings.jsonを直接編集する場合は、デフォルトに戻したい項目をまるごと削除してください。

6 VS Codeをもっと使いやすくカスタマイズしよう

主要なカスタマイズ項目

ここでは、主要な設定項目を紹介します。

🔲 タブとインデント

ソースコード内で「Tab」キーを押した際の挙動について、いくつかの項目で設定できます。「Editor: Insert Spaces」では、「Tab」キーを押した際にタブ文字を入力するか、スペースを入力するかを設定します。「Editor: Tab Size」では、タブを入力した際のタブ文字やスペースの個数を設定できます。

「Editor: Detect Indentation」がオンになっている場合は、ファイル内で使用されているタブサイズが自動認識され、上記の設定よりも優先されます。

```python
@app.route('/login', methods=[
def login():
    if request.method == 'POST
        do_the_login()
    else:
        show_the_login_form()
```
スペース:4　UTF-8　CRLF　Python

スペースを入力

```python
@app.route('/login', methods=[
def login():
  if request.method == 'POST':
    do_the_login()
  else:
    show_the_login_form()
```
タブのサイズ:2　UTF-8　CRLF　Python

タブを入力

「Editor: Render Indent Guides」をオフにすることで、インデントのガイドを非表示にできます。

🔲 空白文字の表示

タブやスペースがある場合に空白文字を表示するか、「Editor: Render Whitespace」で選択できます。

```python
@app.route('/login',·methods=
def·login():
····if·request.method·==·'POS
····|····do_the_login()
····else:
····|····show_the_login_form()
```
空白文字を表示

```python
@app.route('/login',·methods=[
def·login():
→ if·request.method·==·'POST'
→ |→ do_the_login()
→ else:
→ |→ show_the_login_form()
```
空白文字とタブを表示

設定できるのは「none」「boundary」「all」で、「boundary」の場合、単一スペースの空白文字は表示しません。

統合ターミナルのシェルの指定

統合ターミナルでどのシェルを使用するか「Terminal ＞ Integrated ＞ Shell」で設定できます。WindowsではPowerShell、macOSとLinuxでは/bin/bashがデフォルトでセットされています。

ターミナルの最大行

「Terminal ＞ Integrated: Scrollback」で、統合ターミナルのバッファに保持できる最大行数を設定できます。デフォルトは1000です。

自動保存（オートセーブ）の有効化

VS Codeはデフォルトではオートセーブが有効になっていません。「ファイル」→「自動保存」をチェックすることで、オン・オフを切り替えることができます。

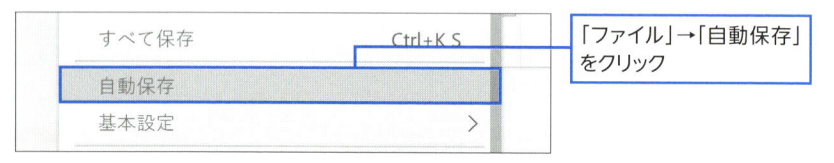

さらに、設定エディターの「Files: Auto Save」から自動保存のタイミングを選択できます。

それぞれの値は以下のとおりです。

値	効果
off	自動保存しない
afterDelay	キー入力終了後、指定された時間が経過したときに保存
onFocusChange	他のタブなどにフォーカスが移動したときに保存
onWindowChange	ウィンドウを切り替えたときに保存

afterDelayの場合の遅延時間は、「Files: Auto Save Delay」で設定できます。ミリ秒単位なので「1000」の場合、1秒後に保存されます。

オートフォーマットするタイミングの制御

VS Codeでは、同梱のフォーマッタや追加したフォーマッタで、ソースコードを自動整形させることができます。デフォルトでは無効で、以下の設定をオンにする

ことでフォーマットするタイミングを制御できます。

設定	タイミング
Editor: Format On Save	保存したとき
Editor: Format On Save Timeout	保存時のフォーマットのタイムアウト時間（指定された時間以上かかるとキャンセルされる）
Editor: Format On Paste	ペーストしたとき
Editor: Format On Type	対応する言語でセミコロンを入力したとき

▣ 起動時に復元させるウィンドウを制御

VS Codeを終了して再度開いたときに、復元するウィンドウを制御することができます。デフォルトでは複数ウィンドウが開いていても、アクティブだったウィンドウのみを復元するようになっています。

「Window: Restore Windows」の値を変更することで、すべてのウィンドウやフォルダーを復元するよう設定できます。

値	効果
all	すべてのウィンドウを復元
folders	フォルダーを開いていたウィンドウのみすべて復元
one	アクティブだったウィンドウのみ復元
none	復元しない

▣ 設定エディターを使用しない

キーボードショートカットやメニューなどから設定を開いたとき、デフォルトでは設定エディターが使用されます。「Workbench > Settings: Editor」を「json」にすると、settings.jsonを直接開けます。

▣ settings.jsonを開いたとき、既定の設定も表示

「Workbench > Settings: Open Default Settings」をオンにすると、コマンドパレットなどからsettings.jsonを開いたとき、ウィンドウを分割して既定のsettings.jsonも表示されます。

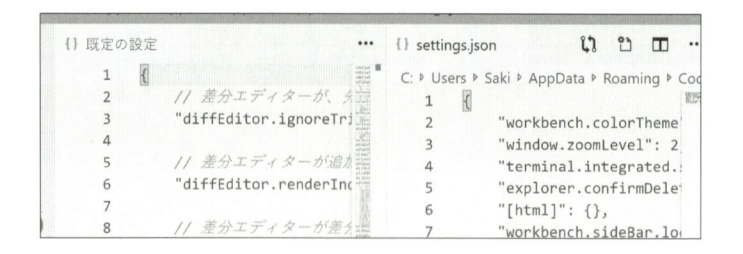

検索結果に行番号を含める

「Search: Show Line Numbers」をオンにすると、検索結果に行番号を含めることができます。

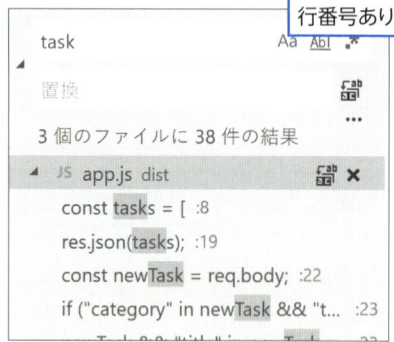

新しいタブを開く位置を制御

新しくファイルを開いたり、タブを新規作成したときに、どの位置にタブを開くかを設定できます。

「Workbench > Editor: Open Positioning」で「left」「right」「first」「last」から選択可能で、デフォルトの「right」ではアクティブになっているタブのすぐ右に開かれます。

タブの幅を縮める

タブは通常、ファイル名などのラベルをフルに表示できる幅を取り、表示できない分は横にスクロールできるようになっています。

TS server.ts	◆ .gitignore	≡ client.http	JS jest.config.js	{}

{} package.json ▶ ...

　タブが多い場合は幅を狭めて表示するようにするには、「Workbench > Edigor: Tab Sizing」を「shrink」にします。

TS server.ts	◆ .gitignore	≡ client.http	JS jest.confi	{} package-	{} package.j

{} package.json ▶ ...

プレビューモードの無効化

　エクスプローラービューのファイル名をシングルクリックした場合や、クイックオープンからファイルを選択した場合、現在のエディターグループで開かれていないファイルはプレビューエディターで開かれます。プレビューエディターでは、ファイルは閲覧用のプレビューモードで開かれます。

　プレビューエディターは1つのみなので、他のファイルがプレビューモードになると再利用されてしまいます。ファイルを新規エディターで開くためには、ファイル名をダブルクリックするか、プレビューモード中に編集をする必要があります。

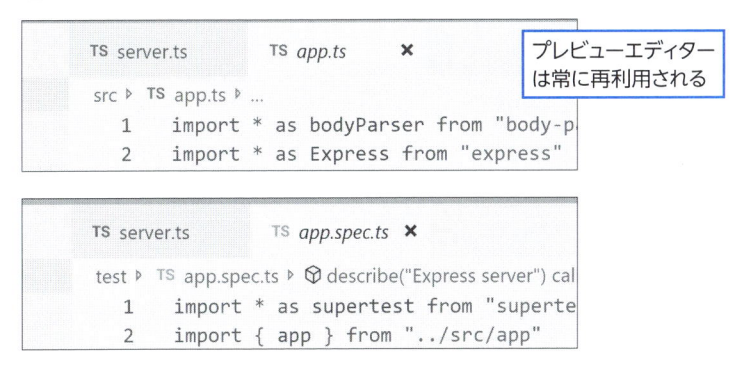

　このプレビューモードをオフにするには、設定の「Workbench > Editor: Enable Preview」や「Workbench > Editor: Enable Preview From Quick Open」をオフにします。

VS Codeをもっと使いやすくカスタマイズしよう

6

🔲 行の折り返し

「表示」→「折り返しの切り替え」で、行を折り返すかどうか切り替えることができます。

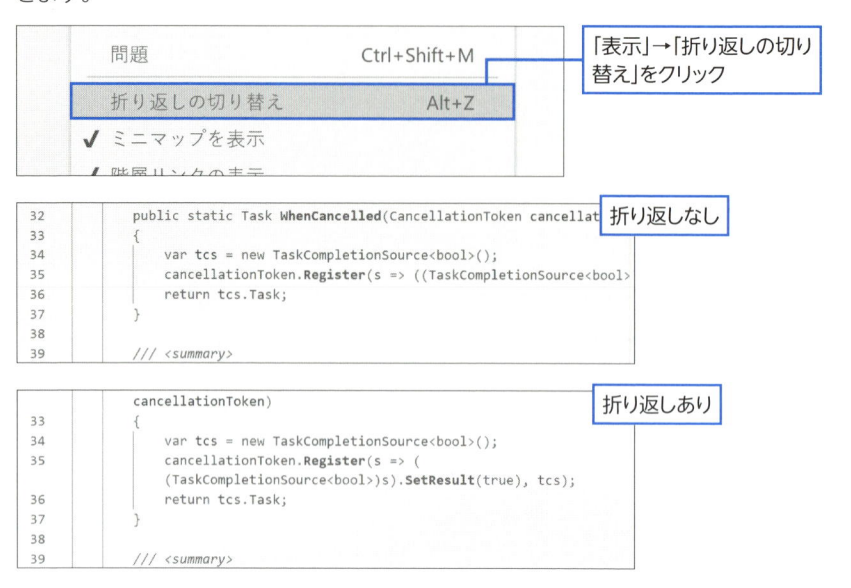

また、設定の「Editor: Word Wrap」で折り返し場所を指定できます。

値	効果
off	折り返さない
on	エディターの端で折り返す
wordWrapColumn	指定した文字数で行を折り返す
bounded	指定した文字数と、エディターの端どちらか小さいほうで折り返す

「wordWrapColumn」と「bounded」で使用する文字数は、「Editor: Word Wrap Column」で指定できます。ここで指定する文字数は半角の文字数であり、日本語フォントなどの場合は半分くらいの文字数で折り返されます。

```
1    012345678901234567890123456789012345678 9
2    ここで指定する文字数は半角文字の数であり、
     日本語フォントなどの幅がある文字の場合は約
     半分くらいの文字数で折り返されます。
```

ホバー表示の待ち時間

ソースコード内でシンボルをホバーすると型などの情報を表示させることができますが、その表示までの時間を制御できます。

```
TS app.spec.ts ▶
  var describe: jest.Describe
  (name: string | number | Function | jest.FunctionLike, fn: jes
  t.EmptyFunction) => void
describe("Express server", () => {
  it("should response the GET method", async (done) => {
```

「Editor > Hover: Delay」でミリ秒単位で指定できます。デフォルトは300ミリ秒（0.3秒）です。

高速スクロールの速さ

「Editor: Fast Scroll Sensitivity」で、「Alt」や「option」を押した際の高速スクロールの速さを設定できます。

ミニマップのカラーブロック表示

ミニマップには、デフォルトでは実際のソースコードを縮小したテキストが表示されます。これを文字ではなく色のブロックで表示させることもできます。

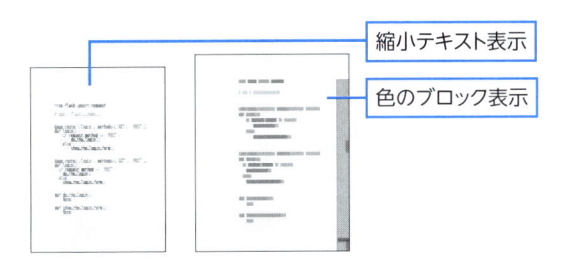

縮小テキスト表示

色のブロック表示

「Editor > Minimap: Render Characters」をオフにすると、カラーブロック表示になります。

拡張子の関連付け

任意の拡張子のファイルを、指定した言語のファイルとして扱うよう設定しておけます。

以下のような項目をsettings.jsonに追加すると、.myjsという拡張子のファイルがJavaScriptファイルとして認識されるようになります。

6

VS Codeをもっと使いやすくカスタマイズしよう

173

settings.json

```
"files.associations": {
  "*.myjs": "javascript"
}
```

ここでの設定は、デフォルトの関連付けより優先されます。

■ 検索対象から除外されるファイルの指定

node_modulesやbower_componentsなどのフォルダー以下のファイルは、デフォルトでは検索対象に含めないようにパターンが設定されています。パターンの設定場所は「Search: Exclude」です。

■ エクスプローラーの表示から除外されるファイルの指定

エクスプローラーでは、指定パターンにマッチしたファイルやフォルダーは表示されないようになっています。たとえばデフォルトでは.gitや.DS_Storeなどのファイルは表示されません。パターンの追加や削除は「Files: Exclude」から行えます。

■ フォーマッタの切り替え

各言語で使用するフォーマッタを切り替えたい場合は、各言語設定のdefaultFormatterを指定します。たとえばHTMLはデフォルトのフォーマッタを使用したい、という場合は、下記のようにsettings.jsonに追記すると切り替えることができます。

settings.json

```
"[html]": {
  "editor.defaultFormatter": "vscode.html-language-features"
}
```

"vscode.html-language-features"はVS Codeでデフォルトで使用できるHTMLフォーマッタのidで、Prettierの場合は"esbenp.prettier-vscode"になります。idは各拡張機能の情報から見つけることができます。また、settings.json内でもインテリセンスが効くようになっています。

Prettier - Code formatter   esbenp.prettier-vscode
Esben Petersen   │   ⬇ 9,653,933   │   ★★★★☆   │   リポジトリ   │   ライ

外観の変更

VS CodeのUIや配色を変更する方法を紹介します。

配色テーマの変更

　配色の変更はアクティビティバーの管理メニュー、もしくは「基本設定」→「配色テーマ」などから行うことができます。VS Codeではいくつかのテーマがあらかじめインストールされており、キーボードの上下で選択すると、即座にテーマを確認することができます。気に入ったものがあれば、「Enter」で反映させましょう。

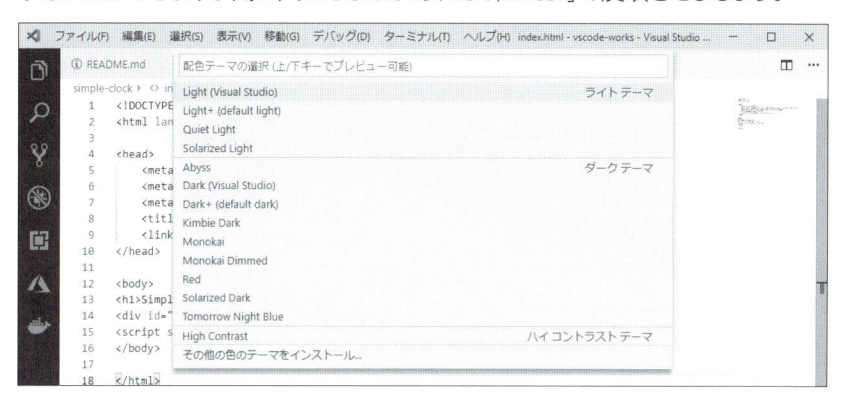

　「その他の色のテーマをインストール...」を選択すると、公開されている拡張機能の中から配色テーマのみがフィルタされた結果が表示されます。標準で用意されているテーマ以外を使いたい場合は、こちらから検索とインストールを行いましょう。

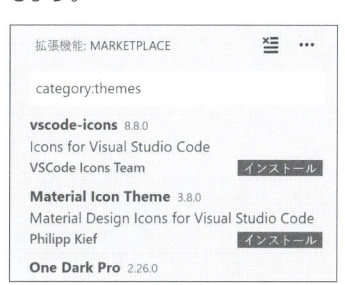

ファイルアイコンの変更

　エクスプローラーやタブで使用されるアイコンも、配色テーマと同様の方法で変更できます。管理メニューの「ファイルアイコンのテーマ」から変更してみましょう。

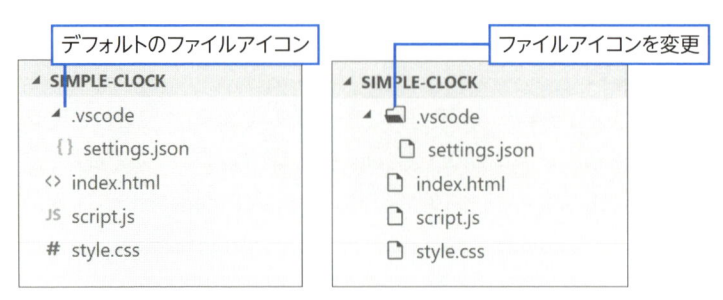

デフォルトのファイルアイコン　　ファイルアイコンを変更

ワークベンチのカラーをカスタマイズ

　タイトルバーやアクティビティバー、パネルといったUIコンポーネント全体のことをワークベンチと呼びます。settings.jsonでは、ワークベンチのカラーを変更することができます。

　以下のような設定をsettings.jsonに加えると、タイトルバーが赤色に変更されます。

```
"workbench.colorCustomizations": {
  "titleBar.activeBackground": "#ff0000"
}
```

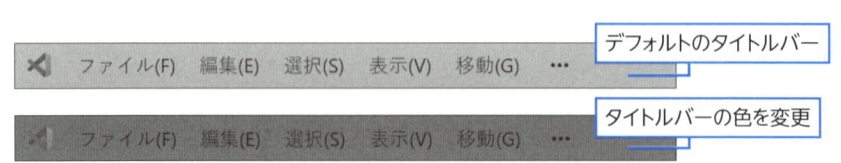

デフォルトのタイトルバー

タイトルバーの色を変更

　settings.jsonではインテリセンスが効くので、どのようなコンポーネントの色が変更可能かわかるようになっています。

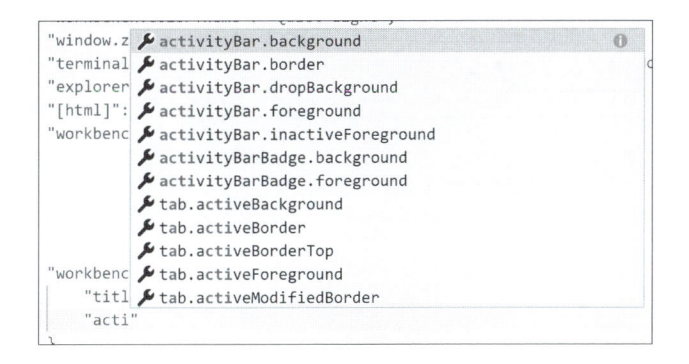

フォントやフォントサイズの変更

設定の「Editor > Font Size」、「Editor > Font Weight」の項目で、フォントサイズやフォントウェイトの設定を行うことができます。

Editor: **Font Size**
フォント サイズ (ピクセル単位) を制御します。

14

Editor: **Font Weight**
フォントの太さを制御します。

normal ▼

また、設定の「Editor > Font Family」の項目で、エディターで使用するフォントを変更できます。

Editor: **Font Family**
フォント ファミリを制御します。

Consolas, 'Courier New', monospace

先に書かれているほうが優先度が高いので、フォントを変更する場合は先頭に追加するとよいでしょう。上記以外のターミナルやデバッグコンソール、その他の拡張機能で使用するフォントなども同様に指定できます。

UIコンポーネントの位置や表示をカスタマイズ

　VS CodeのUIには、位置が変更可能なものや非表示にできるものがいくつかあります。そのカスタマイズ方法を紹介します。

アクティビティバーとサイドバーの位置

　「表示」→「外観」→「サイドバーを右に移動」を実行すると、アクティビティバーとサイドバーがウィンドウの右側に表示されます。「Workbench > Side Bar: Location」でも同じ設定が可能です。

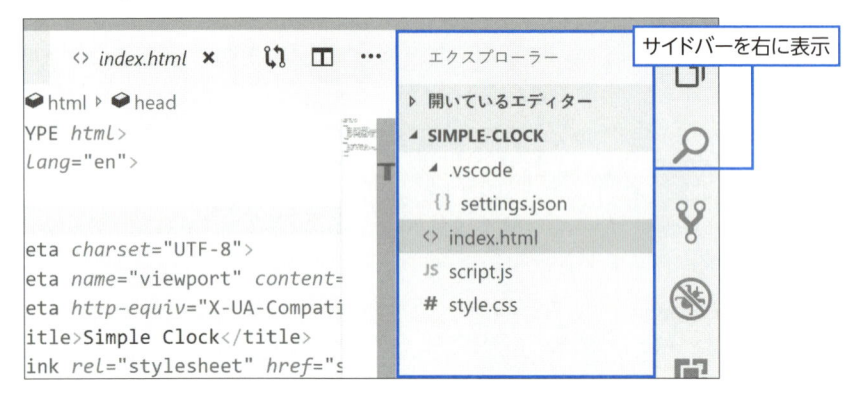

サイドバーを右に表示

ミニマップの位置

　「Editor > Minimap: Enabled」で、エディターのミニマップの表示、非表示を切り替えられます。また、「Editor > Minimap: Side」では、エディター左右どちらにミニマップを表示するかを制御できます。

ミニマップを左に表示

```
dist ▸ JS app.js ▸ [●] bodyParser
  1    "use strict";
  2    Object.defineProperty(exports, "__esModul
  3    const bodyParser = require("body-parser")
  4    const Express = require("express");
  5    const app = Express();
  6    exports.app = app;
```

VS Codeをもっと使いやすくカスタマイズしよう

6

検索ビューの位置

検索はデフォルトではサイドバーに検索ビューとして表示されますが、パネル内に移動させることもできます。

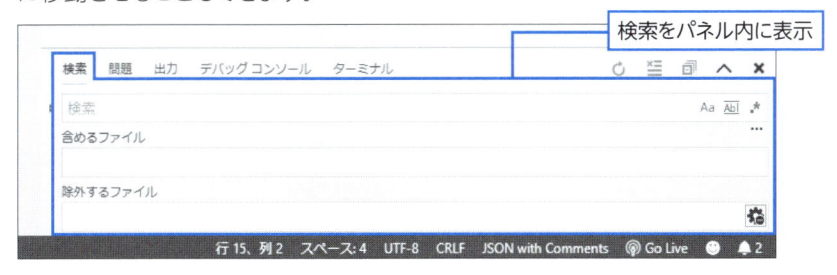

設定の「Search: Location」で、表示場所として「sidebar」か「panel」を選べます。

パネルの位置

パネルはデフォルトではウィンドウの下部に表示されますが、右側に位置を変えることができます。

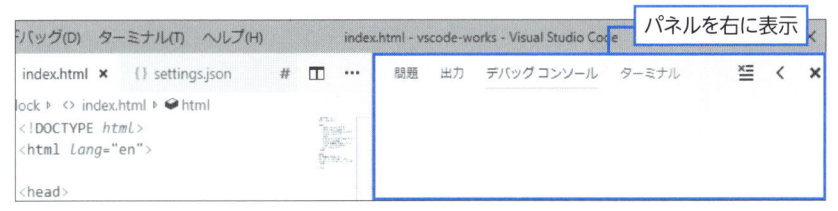

表示位置は「表示」→「外観」→「パネルを右に移動」から変更可能です。また、設定の「Workbench > Panel: Default Location」で、「bottom」か「right」を選択できます。デフォルトの位置なので、パネルのコンテキストメニューから位置を変更すると、そちらが優先されます。

デバッグツールバーの位置

設定の「Debug: Tool Bar Location」でデバッグツールバーの位置を変更できます。

デフォルトは「floating」で、「docked」を選ぶとデバッグビュー内に表示されます。

📠 開いているエディターの表示数

エクスプローラービューでは、各エディターグループで開いているエディターが表示されます。このビューのデフォルトサイズを縮める、もしくは表示しないようにするには、「Explorer > Open Editors: Visible」の数値を変更します。

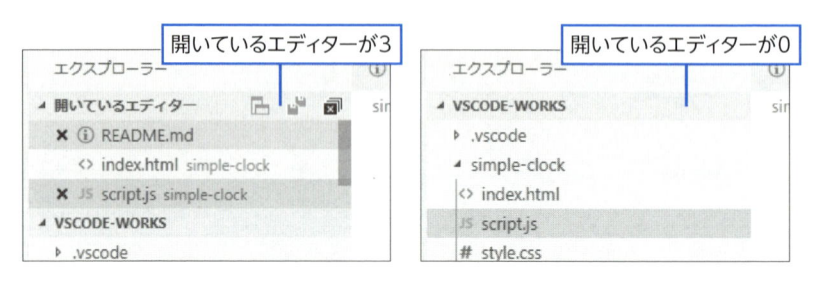

上記の左の画像は、3に設定した場合の表示です。3つのファイルが表示され、それ以上はスクロールすると確認できます。ドラッグすれば表示を広げることも可能です。

数値を0にすると、上記の右の画像のように「開いているエディター」のバーごと表示がなくなります。

📠 アクティビティバーとステータスバーの表示・非表示

「Workbench > Activity Bar: Visible」で アクティビティバー を、「Workbench > Status Bar: Visible」でステータスバーを非表示にすることができます。

キーボードショートカット・キー入力系のカスタマイズ

全コマンドとキーボードショートカットの一覧

「管理」アイコン→「キーボードショートカット」を開くと、コマンドとキーボードショートカットの一覧が表示されます。

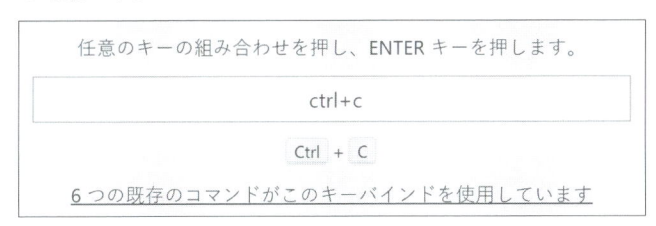

キーボードショートカットの変更・追加・削除

キーボードショートカットの変更や削除は、コンテキストメニューやダブルクリックで行うことができます。変更する際、既に同じキーバインドが指定されている場合は警告が出るようになっています。また、デフォルトではキーボードショートカットが設定されていないコマンドに対して、キーボードショートカットを付与することも可能です。

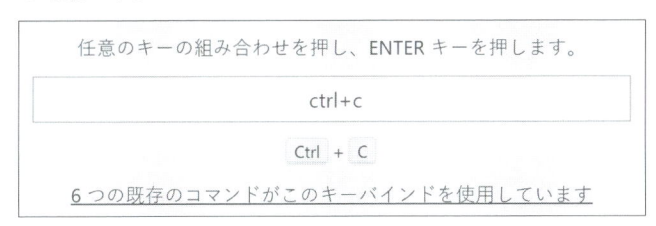

6

VS Codeをもっと使いやすくカスタマイズしよう

181

キーマップの変更

VimやEmacs、AtomなどのエディターやほかのIDEと同じキーマップを使用したい場合は、拡張機能をインストールしましょう。「基本設定」→「キーマップ」から拡張機能のインストールに飛ぶことができます。

拡張機能をインストールすると、各エディターやIDEのキー操作を使用できるようになります。

ユーザースニペットの定義

スニペットはコードの断片を簡単に呼び出せるようにするエディターの機能です。VS Codeには独自にスニペットを登録できる、ユーザースニペットという機能があります。

「管理」アイコン→「ユーザースニペット」や「基本設定」→「ユーザースニペット」などを選択すると、スニペット用のメニューが表示されます。

```
スニペット ファイルの選択もしくはスニペットの作成

新しいグローバル スニペット ファイル...                    新しいスニペット

'simple-clock' の新しいスニペット ファイル...

bat  (Batch)

c  (C)

clojure  (Clojure)

coffeescript  (CoffeeScript)

cpp  (C++)
```

各言語用のスニペットファイルのほか、グローバルスニペットファイル、ワークスペース用のスニペットファイルを作成できます。

📄 スニペットファイルの種類

各言語用のスニペットファイルには、その言語モードのときに使用できるスニペットを記述します。グローバルスニペットファイルとワークスペース用のスニペットファイルは、あらゆる言語用のスニペットをまとめて記述することができます。

グローバルスニペットファイルはその名の通り、どのプロジェクトでも使用できるスニペットファイルです。ワークスペース用のスニペットファイルは、.vscode内にJSON形式の.code-snippetsファイルを作成することで、そのフォルダーをワークスペースで開いているときに使用できます。

settings.jsonのように優先度が高い定義によって上書きされることはなく、すべてのスニペットがインテリセンスで候補として提示されます。

⏹ スニペットの定義

各ファイルはJSON形式になっています。

```
"Print to console": {
    "scope": "javascript,typescript",
    "prefix": "log",
    "body": [
        "console.log('$1');",
        "$2"
    ],
    "description": "Log output to console"
}
```

　scopeはどの言語モードのときに使用するかを指定するリストで、各言語用のスニペットファイルにはない項目です。prefixはインテリセンスでスニペットを表示させる際のプレフィクスです。この場合「l」「lo」「log」などを入力した際に、「console.log();」が候補として提案されます。

```
log
    ☐ log, Print to console   Log output to console（グ…ⓘ
    ☐ log, Log to the console
    ⦿ localStorage
```

　$で始まる変数は、「Tab」キーで移動できるカーソルの位置です。インテリセンスで補完した直後は、$1の場所にカーソルが移動します。何か入力した後「Tab」キーを押すと、$2の位置にカーソルが移動します。

```
console.log('hello');
|
```
「Tab」キーを押す

```
console.log('hello');
|
```
カーソルが移動する

　スニペットの変数部分にカーソルが移動するように定義すると、入力が楽になります。

Gistを使用した設定の バックアップと同期

Gistと「Settings Sync」という拡張機能を使用して、設定のバックアップと同期を行う方法を紹介します。実行にはGitHubのアカウントが必要です（GitHubのアカウント作成方法は7章を参照して下さい）。

Settings Syncのインストール

まず「Settings Sync」をインストールします。

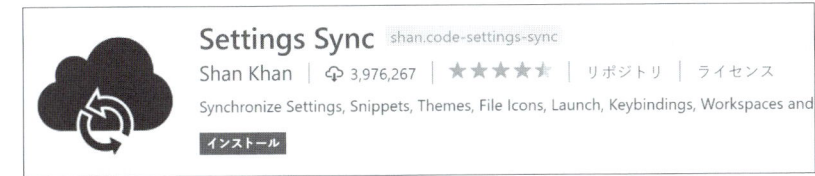

本書ではSettings Sync v3.4.0での設定方法を紹介します。

設定のアップロード

インストールすると、Settings Syncの設定用のタブが開かれます。コマンドパレットの「Sync: 更新やアップロードの設定」からも開くことができます。

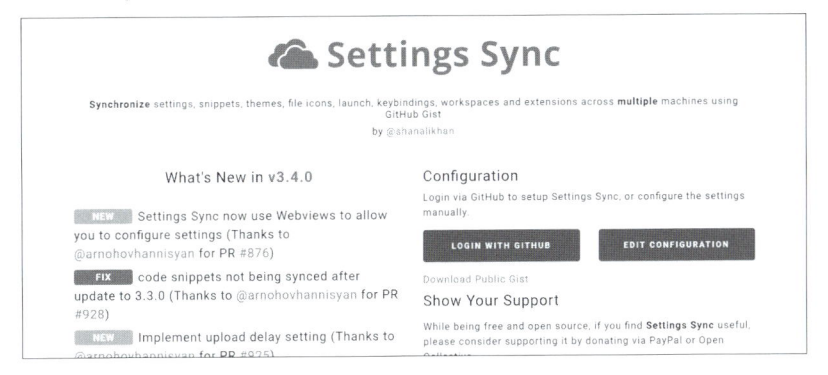

Gistの認可

「LOGIN WITH GITHUB」をクリックしましょう。ブラウザでGitHubの

6 VS Codeをもっと使いやすくカスタマイズしよう

Authorizeページが開かれます。GitHubにログインしていない場合はログインを行ってください。

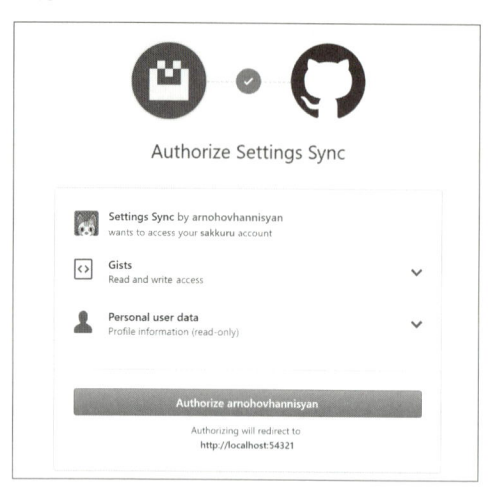

「Authorize arnohovhannisyan」ボタンをクリックします。認可が成功すれば「Success!」と表示されます。

Success! You may now close this tab.

Gistを新規作成

VS CodeでGistの選択用のタブが開かれます。既にGistがある場合はそれらが表示されます。

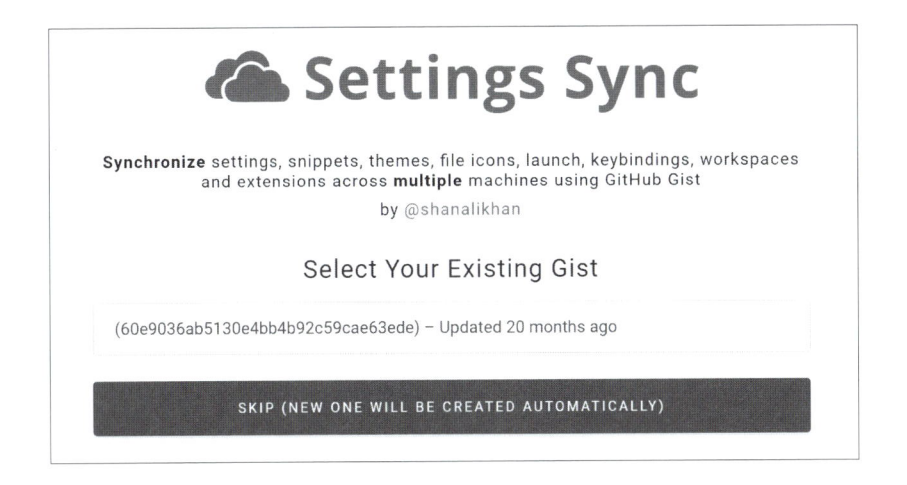

6
VS Codeをもっと使いやすくカスタマイズしよう

「SKIP」をクリックします。これで設定アップロード用のGistが新規作成されます。

アップロード

「Shift」+「Alt」+「U」か、コマンドパレットの「Sync: 更新やアップロードの設定」を選択すると、各種設定をGistにアップロードすることができます。

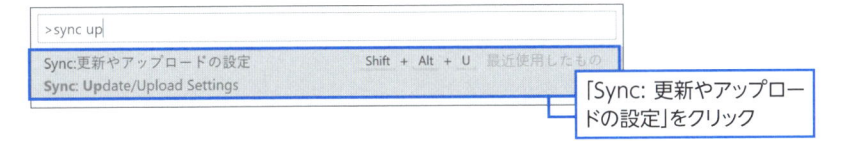

「Sync: 更新やアップロードの設定」をクリック

出力パネルにアップロードのサマリが出力されます。

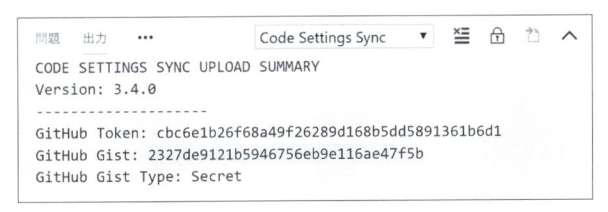

アップロードされた設定の確認

Gist上の設定を確認してみましょう。下記にアクセスします。

https://gist.github.com/＜GitHubのアカウント名＞

　Settings Syncが作成した「<GitHubのアカウント名> ／ cloudSettings」と
いうGistがあるのでクリックしてみましょう。

　Settings Syncが生成した設定ファイルの一覧が表示されます。

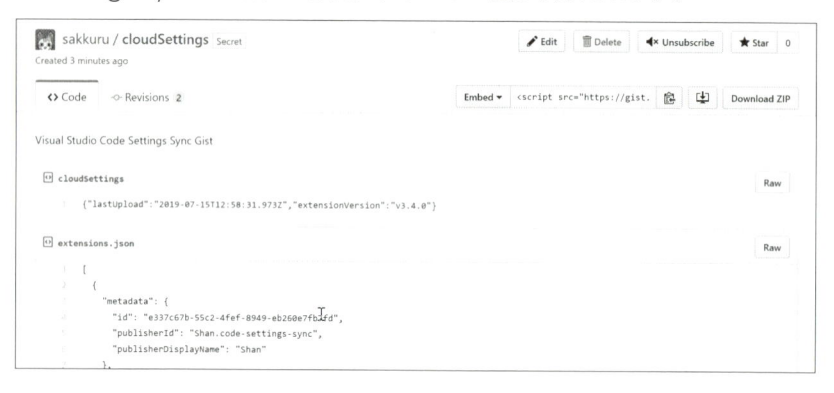

設定のダウンロード

　アップロードした設定をほかの環境で使用したい場合も、「Settings Sync」から
行うことができます。

● ダウンロード設定

　VS Code本体と「Settings Sync」をインストールして、コマンドパレットの
「Sync: ダウンロードの設定」を選択します。Settings Syncの設定タブが開か
れるので、「LOGIN WITH GITHUB」をクリックします。

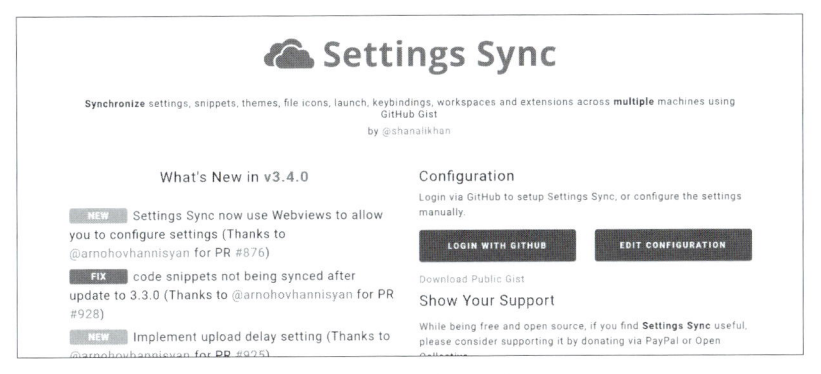

GitHubのログインが成功すると、ブラウザに「Success!」と表示され、VS CodeでGistの選択画面が表示されます。

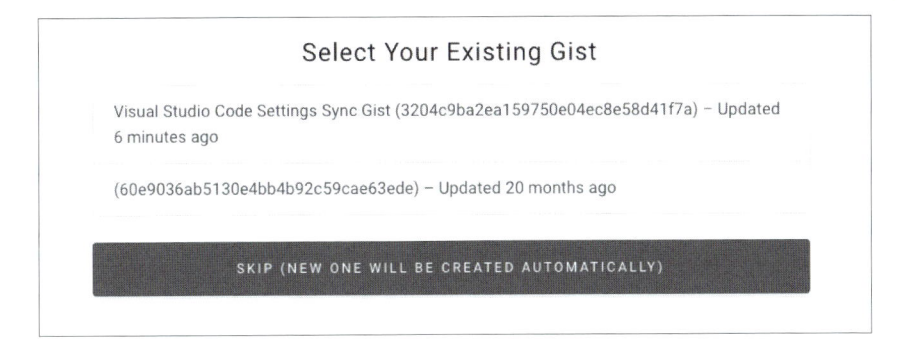

「Visual Studio Code Settings Sync Gist」を選択しましょう。複数ある場合はダウンロードしたい設定があるものを選択します。

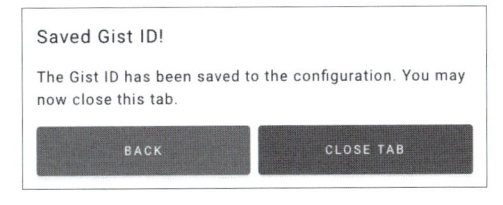

設定にGistのIDが保存されました。

6
VS Codeをもっと使いやすくカスタマイズしよう

⬤ ダウンロードと反映

「Shift」+「Alt」+「D」か、コマンドパレットの「Sync: ダウンロードの設定」で設定をダウンロードできます。

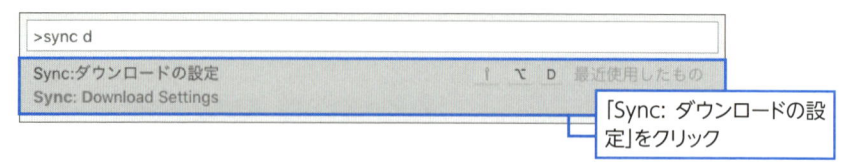

ダウンロードを開始すると、出力パネルに項目が表示されます。

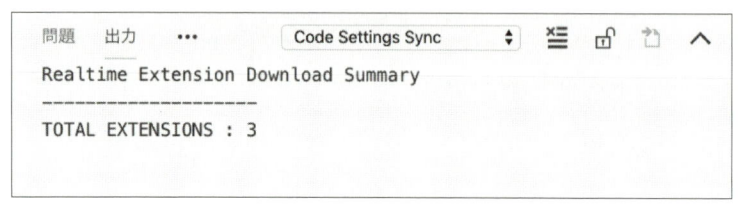

設定が反映されます。再起動が必要な拡張機能があると、再起動を求められます。

設定ファイルと拡張機能の保存場所

VS Codeで使用する設定ファイルの種類と場所を紹介します。バックアップを手動で行う際などに参考にしてください。

各種設定ファイルの場所と種類

各種設定で使用するファイルは、以下の場所に置かれています。

プラットフォーム	設定ファイルの保存場所
Windows	%APPDATA%\Code\User\
macOS	$HOME/Library/Application Support/Code/User/
Linux	$HOME/.config/Code/User/

ユーザー固有の主要な設定ファイルは以下の通りです。

設定ファイル名	用途
keybindings.json	キーボードショートカットの設定
locale.json	言語設定
settings.json	各種ユーザー設定
snippets/**.json	各言語用のスニペットファイル

バックアップする際は、これらのファイルのコピーを保存します。他の環境で設定を使用する場合は、新しい環境でVS Codeをインストールし、上記の保存場所にコピーします。

keybindings.jsonのみ、Windows/LinuxとmacOS間で使用できるキーが異なるため、使用するキーによっては上書きされずにデフォルトのキーのままになります。

拡張機能の保存場所

拡張機能をインストールすると、そのパッケージファイルは以下の場所に保存されます。

プラットフォーム	拡張機能のファイル
Windows	%USERPROFILE%.vscode\extensions
macOS	~/.vscode/extensions
Linux	~/.vscode/extensions

　拡張機能の一覧だけが欲しい場合は、codeコマンドで取得することが可能です。

```
code --list-extensions
```

　拡張機能のidの一覧が取得できます。他の環境などで使用する際は、以下のコマンドでインストールできます。

```
code --install-extension <extension-id>
```

Gitと連携して
スマートに開発しよう

▶ **本章の概要** ◀

VS Codeにはバージョン管理システムとの連携機能も組み込まれています。本章ではGitを例に、VS Codeでのソースコード管理やGitHubとの連携について解説します。

バージョン管理システムとGit

VS Codeのソース管理ビューでは、Gitを筆頭にさまざまなバージョン管理システムを操作することができます。Gitの連携機能はあらかじめ組み込まれており、SVNやMercurialなどは拡張機能をインストールすることで使用可能です。

本節では、バージョン管理システムやGitの概要、インストール方法などを紹介します。

Gitとは

Gitはバージョン管理システムの1つで、世界中のソフトウェア開発の現場で使用されています。バージョン管理システムとは、プログラムのソースコードやテキストファイルなどの変更履歴を管理するシステムです。

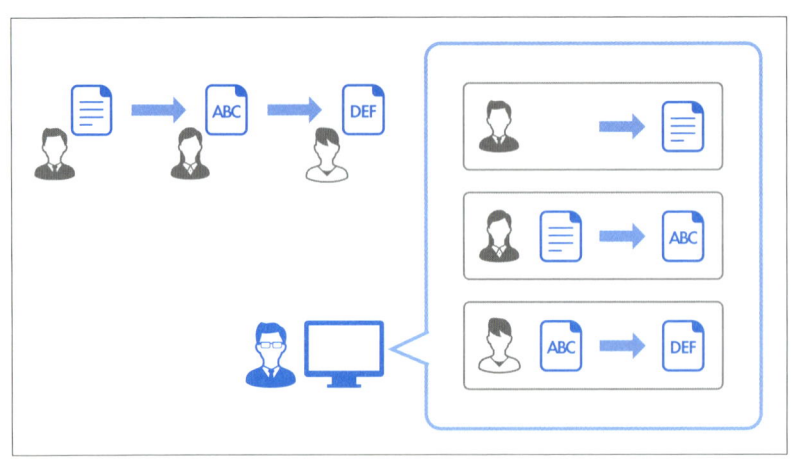

ソースコードにいつ、誰が、どのような変更を行ったかという履歴を確認する機能、過去の状態に戻す機能などを提供します。

● リポジトリとは

バージョン管理下のすべてのファイルや変更履歴のデータの集まりをリポジトリと呼びます。

Gitは分散型のバージョン管理システムで、リポジトリを各開発者のPCに複製することができます。これをローカルリポジトリと呼びます。ローカルに対して、リモートのサーバー上などにあるリポジトリをリモートリポジトリと呼びます。

◪ Gitのインストール

VS CodeにはGit本体は組み込まれていないので、Gitの連携機能を使うにはGitのインストールが必要です。

インストールするには、まずGitの公式サイトにアクセスしましょう。

https://git-scm.com/

トップページにプラットフォームに応じたダウンロードページへのリンクが表示されます。インストーラをダウンロードし、指示にしたがってインストールしてください。

公式の日本語のインストールの説明は、「Documentation」→「Book」→「日本語」→「Gitのインストール」からアクセスすることができます。

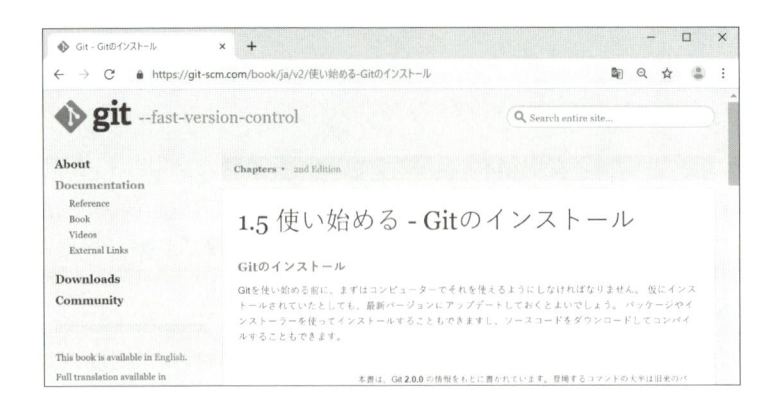

インストールの確認

VS Codeの統合ターミナルを開き、次のようにgitコマンドが実行できることを確認してください。結果はプラットフォームやバージョンによって変わります。

```
> git --version
git version 2.22.0.windows.1
```

Gitの初期設定

Gitの初期設定を行いましょう。次のように、名前(もしくはハンドルネーム)とメールアドレスをGitの設定に追加します。

```
git config --global user.name "Saki Homma"
git config --global user.email sakkuru@example.com
```

以下のコマンドで設定を確認できます。

```
git config -l
```

Gitのログ

Git操作のログは、出力パネルの「Git」から確認することができます。

```
出力    •••    Git    ▼    ⋮  🔒  ⬆  ∧  ✕
> git for-each-ref --format %(refname) %
(objectname) --sort -committerdate
> git remote --verbose
> git check-ignore -v -z --stdin
> git check-ignore -v -z --stdin
```

VS CodeでGitを使ってみよう

VS Code上からGitでファイルを管理する方法を紹介します。

Gitのファイル管理

Gitのローカルリポジトリに対してのファイルの操作は、基本的には以下の手順の繰り返しです。

1. ワーキングツリーのファイルの変更
2. まとめて記録したい変更に印をつけるため、ステージングを行う
3. ステージングされた変更を記録するため、コミットを行う

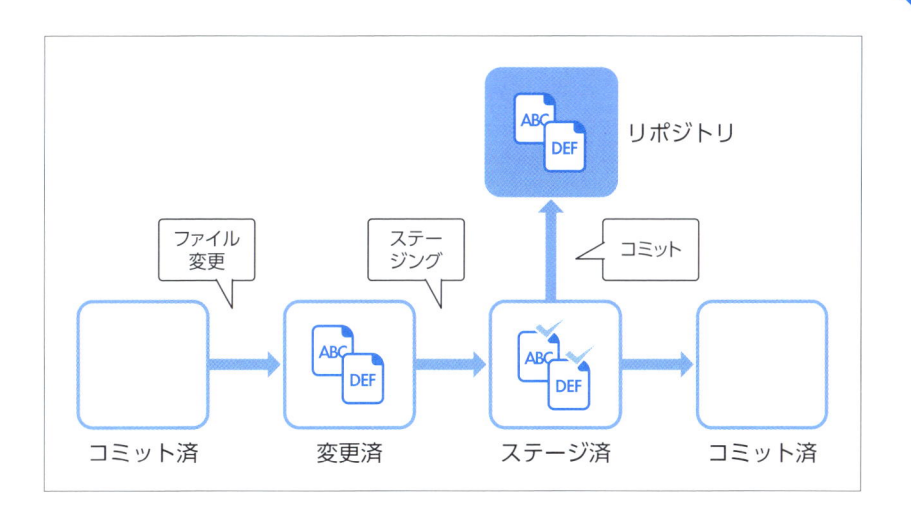

ステージングは、ステージングエリア（インデックス）にファイルを追加する作業です。

ソース管理ビューを開く

Gitの管理下に置きたいフォルダーをVS Codeで開き、アクティビティバーからソース管理ビューを開きます。キーボードショートカットは「Ctrl」+「Shift」+「G」です。

7 Gitと連携してスマートに開発しよう

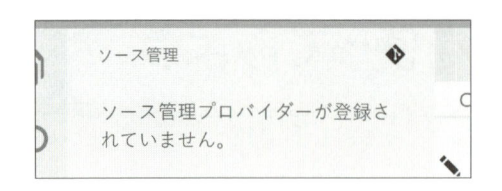

　Gitで管理されていないフォルダーのため、「ソース管理プロバイダーが登録されていません。」と表示されます。

Gitリポジトリの作成(git init)

　フォルダー内のファイルをバージョン管理するため、リポジトリを作成しましょう。◈アイコンをクリックします。フォルダーを選択し、初期化を行いましょう。

> Git リポジトリを初期化するワークスペース フォルダーを選択し...
>
> **api-server** c:\Users\Saki\Documents\vscode-works\api-server
> フォルダーを選択...

　ソース管理ビューに、変更があったファイルが表示されるようになります。

● .gitignoreの自動生成、非追跡フォルダ追加
　初期化時に次のようなポップアップが表示された場合は、「はい」を選択すると、.gitignoreファイルにGitで追跡しないフォルダが追加されます。

ファイルの状況を確認する(git status)

　エクスプローラービューやソース管理ビューのファイルの右側には「U」「A」「M」「D」というアルファベットが表示されます。

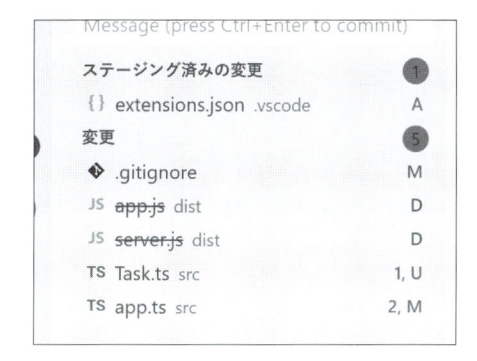

これらは、次のようにファイルの状態を表しています。

- Untracked: 一度もコミットされておらず、Gitに追跡されていない
- Added: ステージングされた
- Modified: 変更された
- Deleted: 削除された

🖵 変更の差分表示 (git diff)

ファイルの変更がある場合、ソース管理ビューでファイルをクリックするとdiffエディターで比較表示することができます。

```
TS app.ts      TS Task.ts      TS app.ts (Working Tree) ✕  🗐  ←  →  ¶  🔲  ⋯
src ▶ TS app.ts ▶ ...
  2   import * as Express from "ex|       2   import * as Express from "ex|
                                          3 + import { Task } from "./Task'
  3                                       4
  4   const app = Express();              5   const app = Express();
  5   app.use(bodyParser.json());         6   app.use(bodyParser.json());
  6                                   ●   7
  7 - interface Task {
  8 -   category: string;
  9 -   title: string;
 10 -   done: boolean;
 11 - }
 12 -
 13   const tasks: Task[] = [              8   const tasks: Task[] = [
```

上部の ⬅ と ➡ をクリックすることで、変更箇所に移動して確認することができ

ます。右側の変更後のエディターはそのまま編集が可能です。また、ソース管理ビューやエディター上部の⬚アイコンから、そのファイルをエディターで開くことができます。

◉ インラインビューで差分表示

差分を横に並べてではなく、インラインで表示することも可能です。

右上の⋯の「並べて表示に切り替え」というメニューを選択しましょう。

```
src ▶ TS app.ts ▶ ...
   1    1   import * as bodyParser from "body-parser";
   2    2   import * as Express from "express";
        3+  import { Task } from "./Task";
   3    4
   4    5   const app = Express();
   5    6   app.use(bodyParser.json());
   6    7
   7    −   interface Task {
   8    −     category: string;
   9    −     title: string;
  10    −     done: boolean;
  11    −   }
  12    −
  13    8   const tasks: Task[] = [
```

上下にインラインでdiffを表示するビューに切り替わりました。左右に並べる表示に戻すには、再度同じメニューをクリックします。

⬚ 変更したファイルをステージング（git add）

ファイルの追加や編集といった変更を記録するための前処理として、ステージングを行います。

変更を記録したいファイルをホバーやクリックすると表示される⊞アイコンをクリックします。すると「ステージング済みの変更」にファイルが移動します。

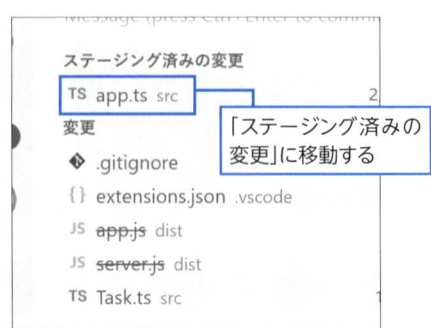

　変更したファイルをまとめてステージングしたい場合は、「変更」のメニューの ➕ をクリックします。

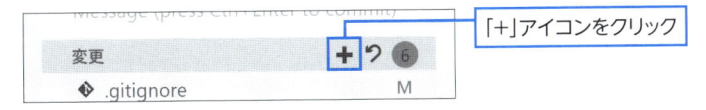

「+」アイコンをクリック

ファイルのコミット(git commit)

　ステージングされたファイルをコミットして、ローカルリポジトリに記録します。

　ソース管理ビューのトップのフォームから、コミットコメントを入れることができます。

　変更のサマリとなるコメントを入力し、「Ctrl」+「Enter」を押しましょう。

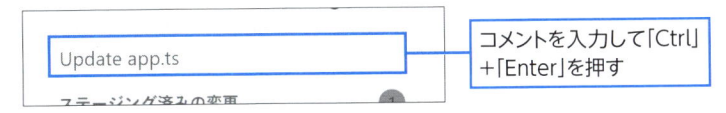

コメントを入力して「Ctrl」+「Enter」を押す

　変更が記録されたので、ステージング済みの変更がなくなります。

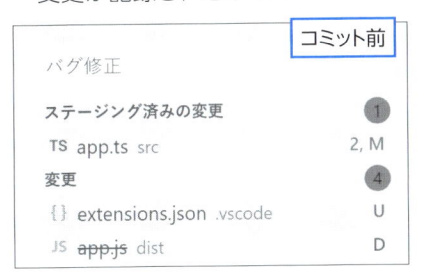

コミット前

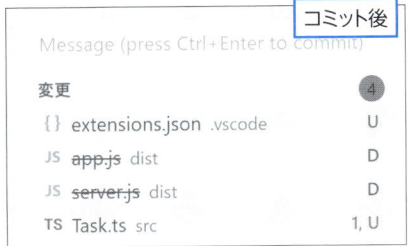

コミット後

Gitで追跡したくないファイルの制御(.gitignore)

　node_modulesなどの依存ライブラリや生成されたJavaScriptファイル、ログなど、Gitで追跡する必要がない、追跡したくないファイルは、.gitignoreで制御できます。

　.gitignoreをフォルダーのトップに作成し、追跡不要のファイルやフォルダーを記述します。

7

Gitと連携してスマートに開発しよう

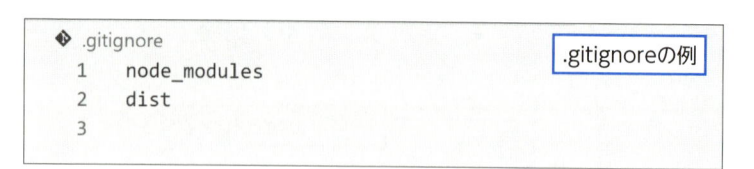

このファイルをステージング、コミットすることで、記載されたものはGitの管理対象として認識されません。しかし、既に一度でもコミットされたことがあるファイルはこれだけでは不十分で、リセットする必要があります。

● 拡張機能で.gitignoreを自動生成

「gitignore」という拡張機能をインストールすることで、コマンドパレットから環境に応じた.gitignoreファイルを生成できるようになります。

インストール後、コマンドパレットで「Add gitignore」を選択すると、プロジェクトの環境を選択できます。

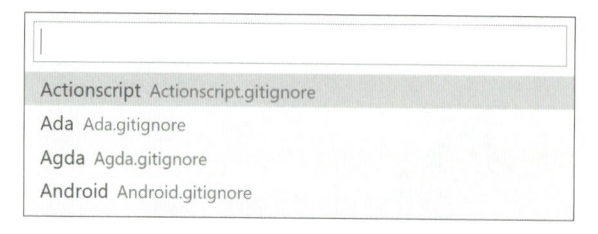

これにより、環境に応じた.gitignoreが追加されます。2回目以降は追加か上書きを選択できます。

コミット履歴をグラフ表示（git log）

拡張機能をインストールすることで、リポジトリのコミット履歴をグラフィカルに表示することができます。

「Git History」という拡張機能をインストールしましょう。

するとエディターグループの右上に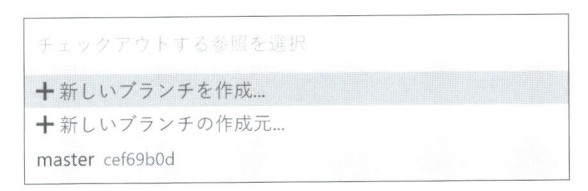アイコンが追加されます。クリックすると、ワークスペース内のリポジトリのコミットログが表示されます。

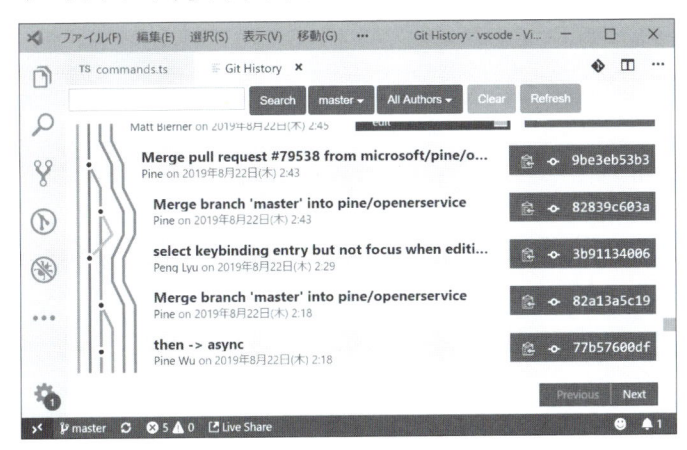

ブランチの移動・作成（git checkout）

ステータスバーのブランチ名のクリックや、⋯メニューの「チェックアウト先...」から、ブランチの移動や作成を行うことができます。

現在のブランチから新しいブランチを作成する場合は「新しいブランチを作成...」を選択し、ほかのブランチから作成する場合は「新しいブランチの作成元...」を選択します。

変更をまとめて一時退避・適用（git stash）

コミット前の変更を一時的に退避させることができます。⋯メニューの「スタッシュ」もしくは「スタッシュ（未追跡のファイルを含む）」を選択します。退避させたファイルを戻すには、「スタッシュを適用...」や「スタッシュを適用して削除...」を選択します。

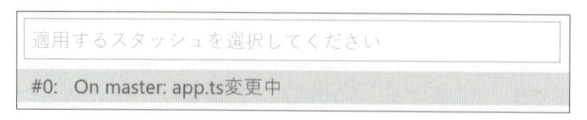

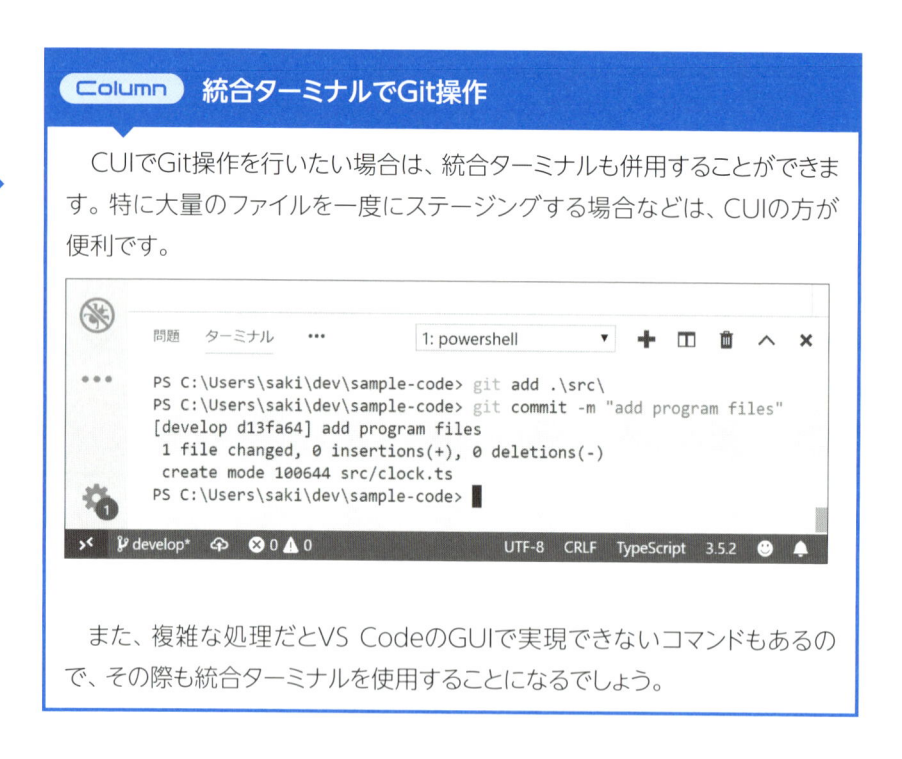

Column 統合ターミナルでGit操作

CUIでGit操作を行いたい場合は、統合ターミナルも併用することができます。特に大量のファイルを一度にステージングする場合などは、CUIの方が便利です。

```
問題    ターミナル    ⋯                1: powershell  ▾  ✚ ⊞ 🗑 ∧ ✕

PS C:\Users\saki\dev\sample-code> git add .\src\
PS C:\Users\saki\dev\sample-code> git commit -m "add program files"
[develop d13fa64] add program files
 1 file changed, 0 insertions(+), 0 deletions(-)
 create mode 100644 src/clock.ts
PS C:\Users\saki\dev\sample-code> ▮

✕  ⑂ develop*  ⟳  ⊗0 ⚠0              UTF-8  CRLF  TypeScript  3.5.2  ☺ 🔔
```

また、複雑な処理だとVS CodeのGUIで実現できないコマンドもあるので、その際も統合ターミナルを使用することになるでしょう。

Gitの取り消し操作

addやcommitといったよく使用するコマンドは覚えていても、操作を取り消すコマンドはなかなか覚えていなかったりするものです。そういった操作だけでもVS Codeのメニューから行うと便利かもしれません。本節ではVS CodeのGit操作で可能な、取り消しのオペレーションを紹介します。

■ファイルの変更の破棄（git checkout HEAD file）

ステージング前のファイルの変更を取り消すには、「変更」にあるファイルのホバーメニューの 🔄 をクリックします。

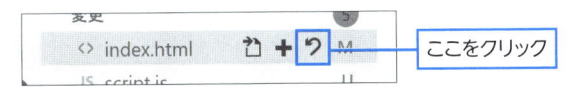

ファイルの変更が破棄されます。ステージングされたファイルは、先にステージングを取り消してから、変更を破棄してください。

■すべての変更の破棄（git checkout HEAD .）

ステージング前のファイルの変更を取り消すには、「変更」のホバーメニューの 🔄 をクリックするか、⋯メニューの「すべての変更を破棄」を選択しましょう。

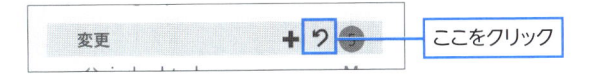

ステージングされたファイルはそのままです。

■ファイルのステージングを取り消し（git reset HEAD file）

任意のファイルのステージングを取り消すには、「ステージング済みの変更」にあるファイルをホバーすると現れる、➖をクリックしましょう。

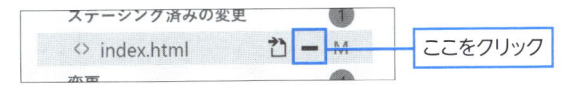

変更はそのままに、ステージングのみを取り消すことができます。

7

Gitと連携してスマートに開発しよう

⚬ すべてのステージングの取り消し（git reset HEAD .）

すべてファイルののステージングを取り消すには、「ステージング済みの変更」のホバーメニューの━をクリックするか、⋯メニューの「すべての変更のステージング解除」を選択しましょう。

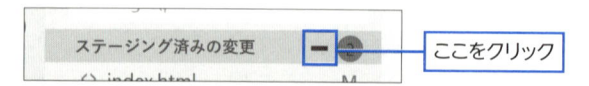

⚬ 直前のコミットを上書き（git commit --amend）

直前のコミットを修正し、上書きすることができます。ソース管理ビューの⋯メニューをクリックし、「ステージング済をコミット（修正）」を選択します。

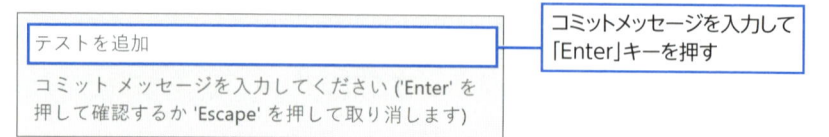

コミットメッセージを入力すると、ステージング済みのファイルで、直前のコミットを上書きすることができます。

⚬ 直前のコミットの取り消し（git reset --soft HEAD^）

ソース管理ビューの⋯メニューをクリックし、「前回のコミットを元に戻す」を選択すると、直前のコミットの直前の状態に戻すことができます。

ファイルの変更は残るので、再び修正したのちコミットできます。

GitHubとリモートリポジトリ関連の操作

GitHubでソースコードを管理してみましょう。ここではGitHubアカウントやリモートリポジトリの作成、ローカルリポジトリのプッシュの方法を解説します。

⊡ GitHubとは

GitHubはGitリポジトリのホスティングサービスです。Webサービスの形でリポジトリを管理でき、バグ管理やコメント、Wikiなどの機能も合わせて提供されます。ほとんどの機能を無償で使用可能で、個人や企業、オープンソースコミュニティなど、さまざまなプロジェクトで利用されています。

現在は、許可された人しかアクセスできないプライベートリポジトリも無料かつ無制限に作成できるようになりました。

GitHubと同じようにGitの機能を提供するサービスは、ほかにもBitbucketやGitLab、CloudForgeなどがあります。

⊡ GitHubアカウントの作成

ここではGitHubのアカウントを作成する方法を説明します。まずGitHubのトップページにアクセスしましょう。

https://github.com/

7 Gitと連携してスマートに開発しよう

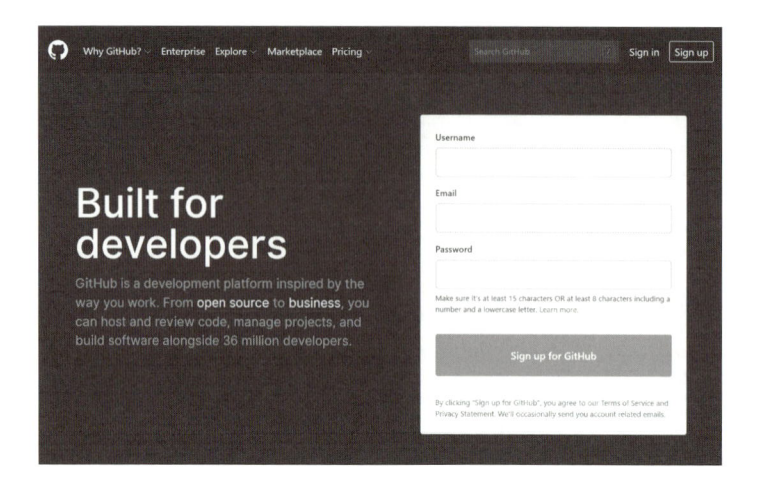

サインインしていない場合は、サインアップ用のフォームが表示されます。指示に従ってサインアップしましょう。メールアドレスの確認が終わると、サインインできるようになります。

⊟ GitHubでリポジトリの作成

それではGitHub上に新しいリポジトリを作成してみましょう。GitHubのトップページ(https://github.com/)にアクセスし、サインインします。

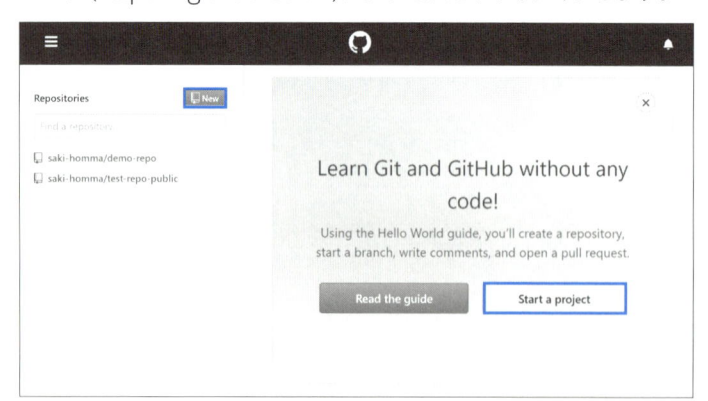

「Start a project」もしくは「New」ボタンをクリックすると、新規リポジトリの作成画面に遷移します。リポジトリ名や説明、パブリックかプライベートかを入力し、最後に「Create repository」をクリックします。

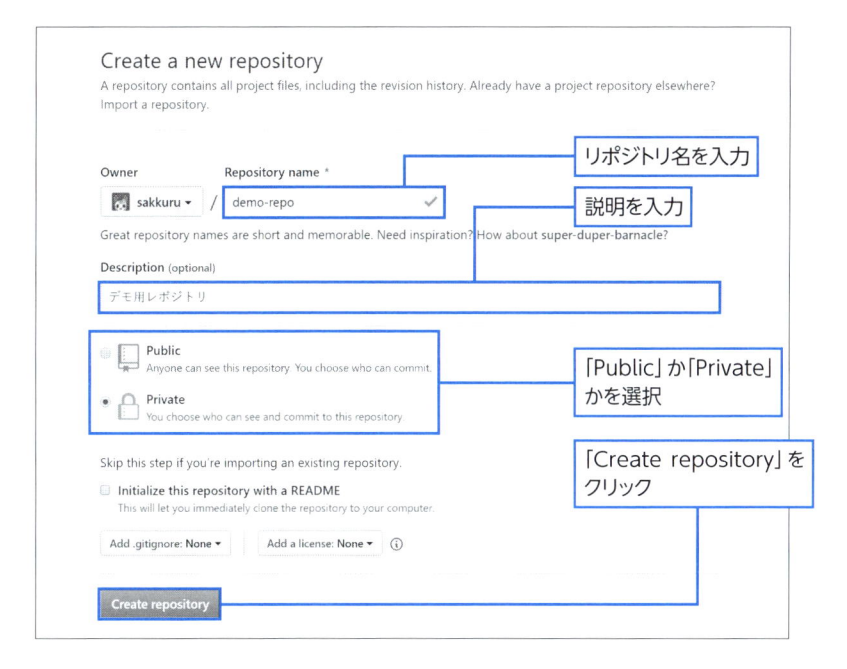

リポジトリが作成されました。

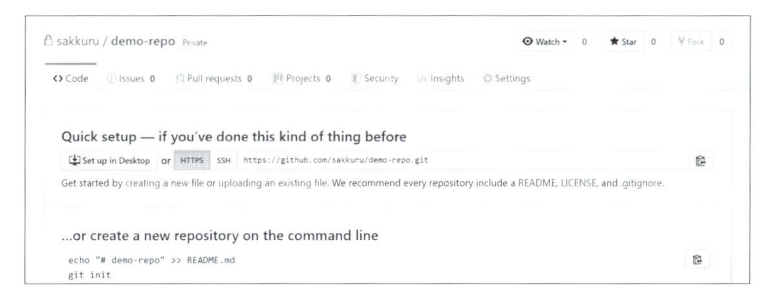

リモートリポジトリの登録(git remote add)

作成したGitHubのリポジトリのページには、リポジトリのURLが表示されています。

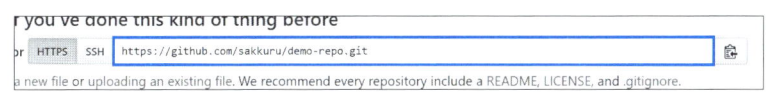

このURLをコピーし、VS Codeに戻ります。Gitで管理しているフォルダーを

Gitと連携してスマートに開発しよう

ワークスペースで開いている状態で、コマンドパレットを開き、「Git: リモートの追加」を選択します。

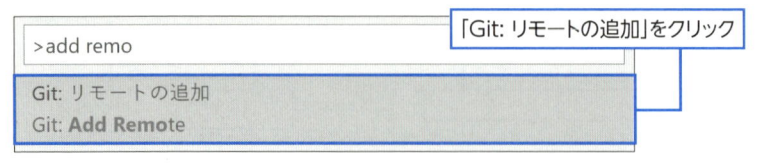

リモートの名前を入力します。ここでは「origin」という名前を使用しています。

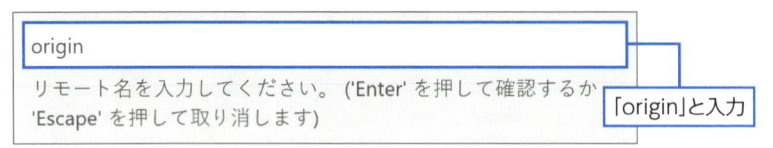

「Enter」キーを押すと、続いてURLの入力ボックスが出ます。そこにコピーしたURLをペーストしましょう。

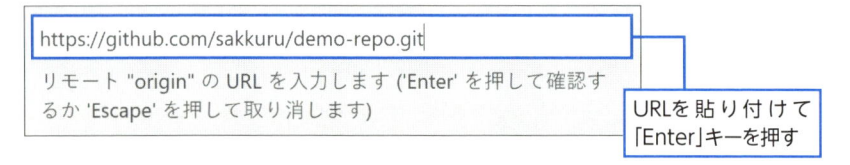

これで、originという名のリモートリポジトリを登録することができました。

ファイルのプッシュ（git push）

ローカルリポジトリの内容をリモートリポジトリにプッシュしてみましょう。プッシュとは、ローカルリポジトリの内容をリモートのリポジトリに送信することです。

ソース管理ビューの　をクリックし、メニューの「プッシュ先...」を選択します。

リモートリポジトリの選択肢が出るので、「origin」を選択します。これでローカルリポジトリの内容がGitHub上のリモートリポジトリに送信されます。

◉ GitHubへログイン

プッシュの最中にGitHubへのログイン画面が表示された場合は、GitHubのリポジトリを作成したユーザーのIDとパスワードでログインしてください。

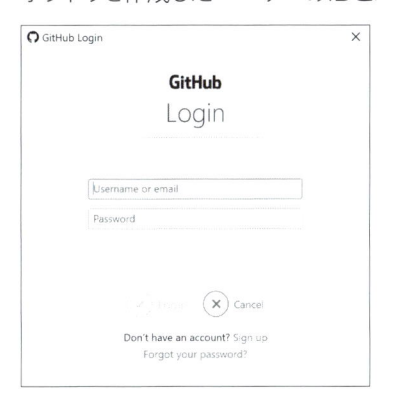

◉ GitHubのリポジトリの確認

GitHubのリポジトリのページを確認してみましょう。

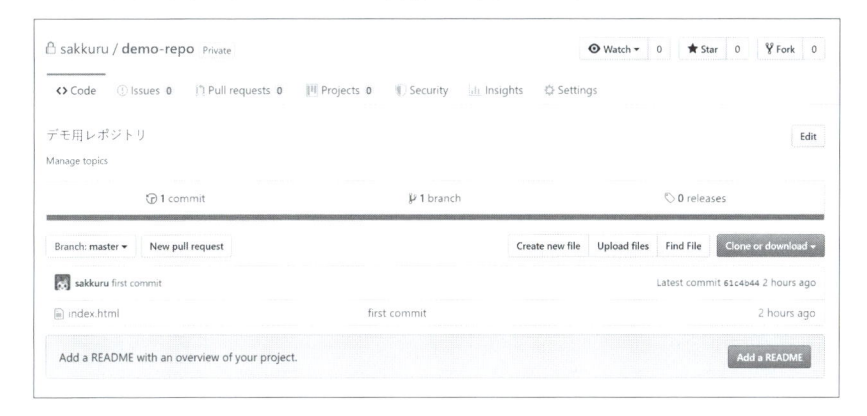

ローカルリポジトリの内容が、GitHubのリポジトリに反映されたことがわかります。

📳 リモートリポジトリの複製(git clone)

既にあるリモートのリポジトリを、ローカルに複製する方法を説明します。

まずはリモートリポジトリのURLを取得します。GitHubなどのWebベースのホ

7

Gitと連携してスマートに開発しよう

スティングサービスを使用している場合は、リポジトリのWebページから取得できます。

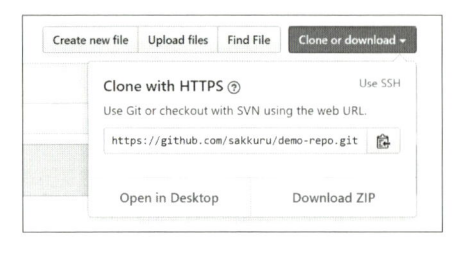

VS Codeのコマンドパレットを開き「Git: クローン」を選択しましょう。

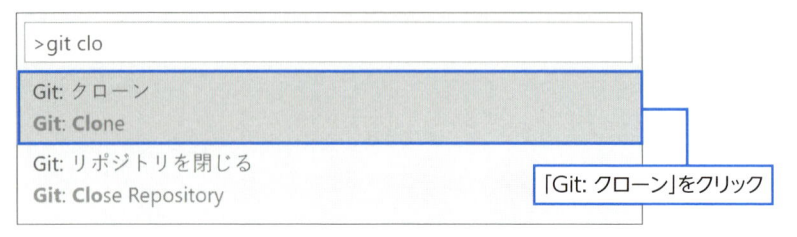

「Git: クローン」をクリック

リポジトリのURLの入力ボックスが表示されるので、コピーしたURLをペーストし、「Enter」キーを押します。すると、エクスプローラー(macOSの場合はFinder)が表示され、リポジトリを複製する場所を選択することができます。フォルダーを選択すると、複製が実行されます。

差分を取得してマージ・リベース(git pull)

登録しているリモートリポジトリから差分を取得し、ローカルのブランチに取り込むことができます。［⋯］メニューを開き、ブランチを指定する場合は、「指定元からプル...」を、リベースを行いたい場合は「プル(リベース)」を選択します。

そのほかのGitコマンド

fetchやmergeなど、本章で紹介しなかったGitのコマンドの多くはコマンドパレットから実行することができます。

> git

Git: フェッチ (Prune)
Git: Fetch (Prune)

Git: プッシュ
Git: Push

Git: プッシュ (タグをフォロー)
Git: Push (Follow Tags)

Git: プッシュ先...

7

Gitと連携してスマートに開発しよう

Git連携機能をパワーアップ
GitLens — Git supercharged

Gitを使用してのバージョン管理を強力にサポートするのがGitLens — Git superchargedという拡張機能です。非常に多くの機能が組み込まれているのですが、本節ではいくつかの機能をピックアップして紹介します。

インストールすると、サイドバーにGitLensビューが追加されます。

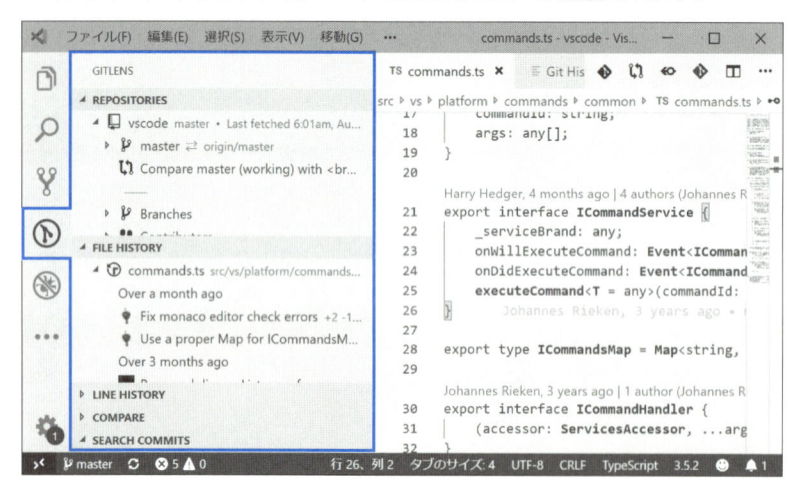

● リポジトリの詳細情報表示

「REPOSITORIES」ビューではリポジトリのブランチやそのコミット、コントリビュータ、スタッシュやタグなどの一覧やその内容を確認することができます。

たとえば「ローカルやリモートのブランチの一覧」→「ブランチのコミットの履歴」

→「コミットの変更の一覧」とクリックするだけでたどることができ、どのコミットでどのような変更があったかを確認できます。

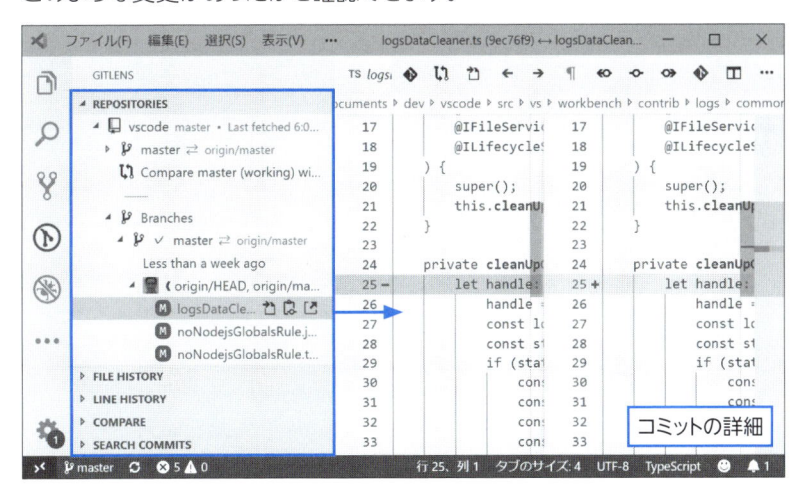

また、「コントリビュータの一覧」→「最新のコミット一覧」→「コミットの変更の一覧」というように、コントリビュータからも変更をたどれます。

● ファイルの変更履歴表示

「FILE HISTORY」ビューは開いているファイルの過去のコミットの一覧を表示します。コミットを選択すると、どのような変更があったかを確認できます。

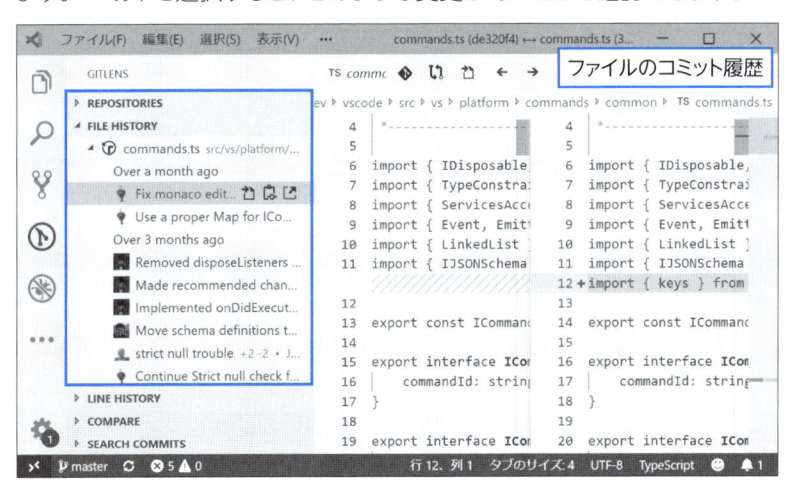

行の変更履歴表示

「LINE HISTORY」ビューはカーソルがある行の過去のコミットの一覧を表示します。コミットを選択すると、どのような変更があったかを確認できます。

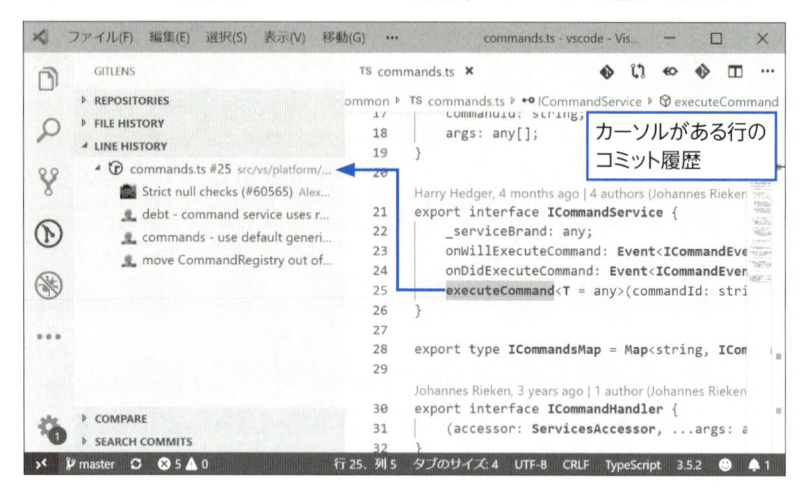

ブランチ・タグ・コミット比較

「COMPARE」ビューではブランチやタグ、過去のコミットの比較を行うことができます。ブランチやタグはピッカーから選択することができます。

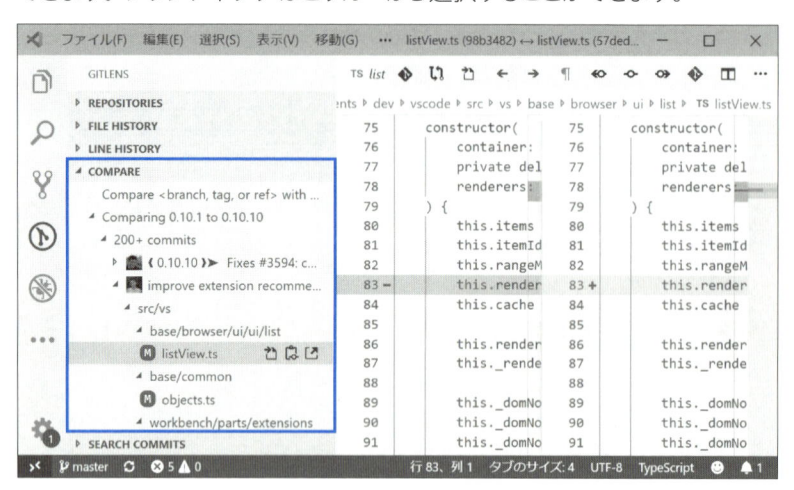

コミットの検索

「SEARCH COMMITS」ビューではコミットメッセージや作者、IDやファイル、変更パターンなどから、コミットを検索することができます。

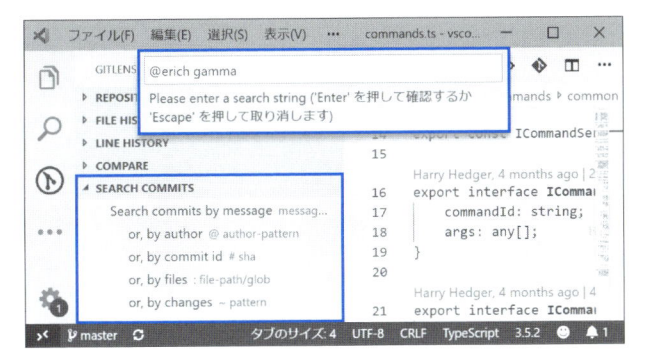

ファイルの変更履歴をたどる

エディター上部のアイコンから、ファイルの変更履歴をたどることができます。

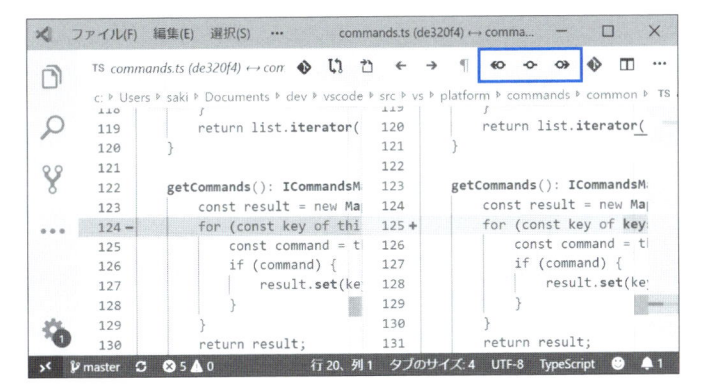

Git Blameの表示

カーソルがある行に対して、最新の変更が誰のどのコミットで行われたものかを表示します。

7

Gitと連携してスマートに開発しよう

217

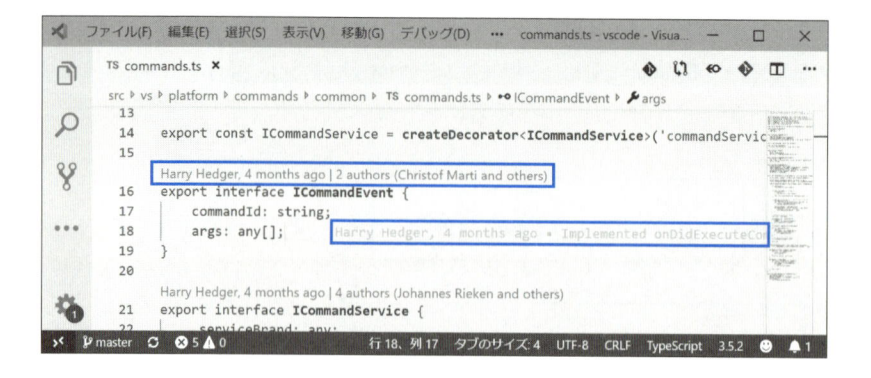

CHAPTER

08

便利な拡張機能で開発を
もっと効率化しよう

▶ 本章の概要 ◀

VS Codeの拡張機能は開発を支援するものからツールとして
使えるもの、ナビゲーションを強化するものまでさまざまです。本
章では別の章で説明していないものを中心に、汎用的に使えて、
開発に役立つ拡張機能を厳選して紹介します。

プログラミング支援系

◱ Visual Studio IntelliCode

　IntelliCodeはAIのアシストを加えたインテリセンスを提供する拡張機能です。アルファベット順だけではなく、コンテキストに応じて最も可能性が高い候補を上位に表示します。2019年7月現在、サポートされている言語はJava、JavaScript、TypeScript、Pythonです。

　使用される可能性が高いと判断されたAPI候補は、インテリセンスの頭に★マークが付き、上位に表示されます。

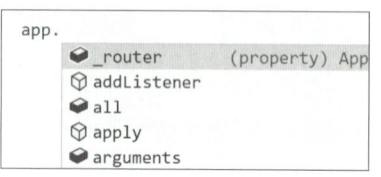 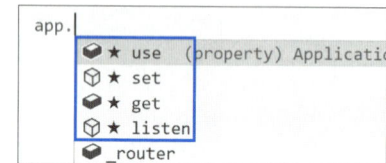

◱ Code Runner

　Code Runnerはコードの選択範囲やファイルのコンテキストメニューからプログラムを実行できるようにする拡張機能です。

　たとえばマークダウンファイル内のサンプルコードや、コピーしてきたスニペットを新規エディターにペーストして実行するということが可能です。実行したい範囲を選択し、「Ctrl」+「Alt」+「J」（macOSでは「control」+「option」+「J」）を押してみましょう。

```
 1
 2    ### Sample code
 3
 4    ```
 5    const http = require('http');              You, 23 days ago • u
 6
 7    http.createServer(function (req, res) {
 8        res.writeHead(200, { 'Content-Type': 'text/plain' }
          );
 9        res.end('Hello World\n');
10    }).listen(3000);
11    ```
```

便利な拡張機能で開発をもっと効率化しよう

言語を選択するピッカーが表示されます。

選択した言語に応じた実行環境でプログラムが実行されます。実行結果は出力パネルに表示されます。

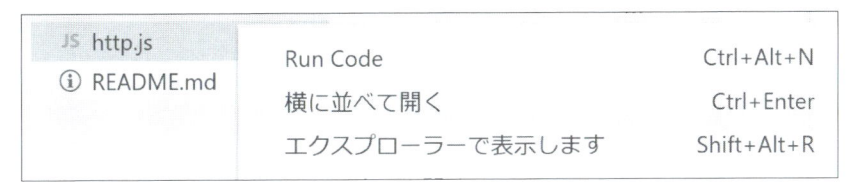

エディターのコンテキストメニューやエクスプローラービューからファイルを選択してプログラムを実行することもできます。

JS http.js	Run Code	Ctrl+Alt+N
ⓘ README.md	横に並べて開く	Ctrl+Enter
	エクスプローラーで表示します	Shift+Alt+R

▣ Regex Previewer

Regex Previewerを使用すると、正規表現のチェックを行うことができます。コマンドパレットから「Toggle Regex Preview In Side-By-Side Editors」を実行するとエディターが分割され、サンプルのテキストが表示されます。

便利な拡張機能で開発をもっと効率化しよう

8

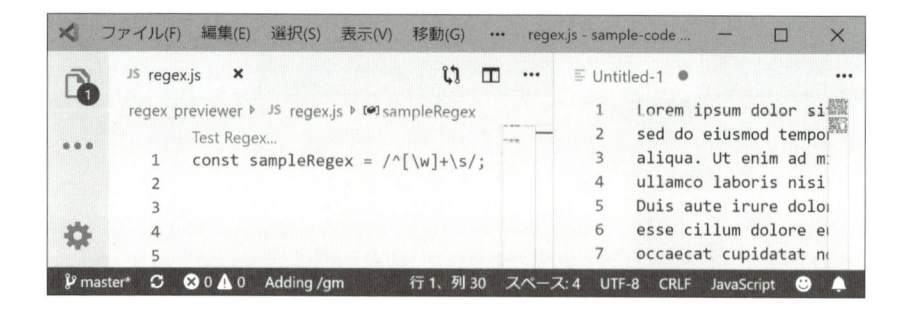

　カーソルがある位置の正規表現のパターンにマッチするテキストの背景色が変わります。変更が随時反映されるので、チェックしながらパターンを作成することができます。

　右のエディターで任意のテキストを開いてチェックを行うことも可能です。複数のサンプルがある場合は、ステータスバーの「Adding /gm」「Not Adding /gm」から、複数行に渡っての検索に切り替えられます。

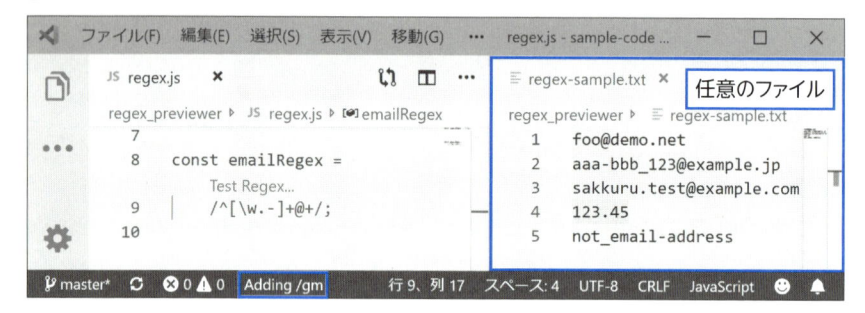

■ Version Lens

　Version Lensをインストールすると、npmやdotnetなどのパッケージの最新のバージョンを自動で調べることができます。Code Lensに最新のバージョン情報が表示されるので、クリックすることで手軽にバージョン変更が可能です。

便利な拡張機能で開発をもっと効率化しよう

```
11        "license": "ISC",
12        "dependencies": {
                ┌──────────────────────────────┐
                │ Satisfies latest | latest: ↑ 4.17.1 │
                └──────────────────────────────┘
13          "express": "^4.15.1",
                Latest
14          "jest": "^24.8.0"
15        }
```

パッケージ自体の変更は自動では行われないので、npm update等でアップデートする必要があります。

現在対応しているパッケージマネージャは、dotnet、dub、jspm、maven、npm、pubです。

Bracket Pair Colorizer

対応する括弧を線で繋ぎ、色を分けて表示する拡張機能です。

```
15
16    app.get "/", (req, res) => {
17      res.send("Hello, VSCode!!!");
18    };
19
```

現在はBracket Pair Colorizer 2が開発されています。

indent-rainbow

インデントの段ごとに異なる色で表示する拡張機能です。

```
4     describe("Express server", () => {
5       it("should response the GET method", async done => {
6         supertest(app)
7           .get("/")                    ┌─────────────────────┐
8           .then(response => {          │ インデントごとに色が変わる │
9             expect(response.status).toBe(200);  └─────────────────────┘
10            expect(response.text).toEqual("Hello, VSCode!!!");
```

インデントの深さがわかりやすくなります。

便利な拡張機能で開発をもっと効率化しよう

8

223

開発ツール系

⊡ Docker

Dockerのイメージやコンテナの操作や管理を一挙に行うことができる拡張機能です。インストールすると、サイドバーにDockerビューが追加されます。

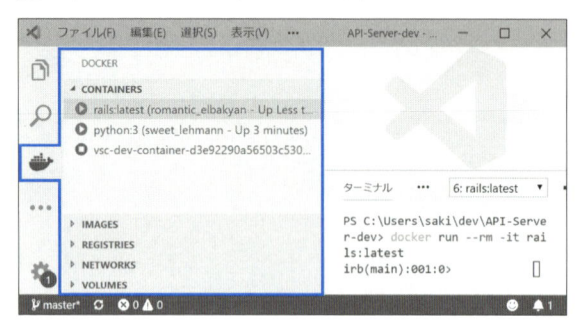

コンテナ、イメージ、コンテナレジストリ、ネットワーク、ボリュームを管理することができます。

● コンテナ管理

「Containers」には、ローカルで起動・停止しているコンテナの一覧が表示されます。コンテキストメニューから、コンテナの停止や再起動、削除、ログや情報の表示、シェルへのアタッチが可能です。

また、「Remote - Containers」がインストールされていると、「Attach Visual Studio Code」がコンテキストメニューに追加され、ここからコンテナにアタッチできるようになります。

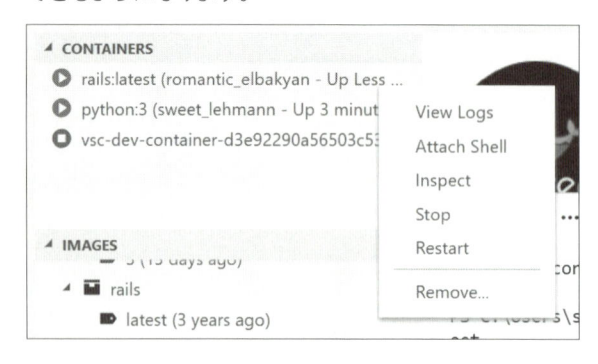

便利な拡張機能で開発をもっと効率化しよう 8

◉ イメージ管理

「Images」ではローカルにあるイメージの一覧をバージョンごとに確認できます。コンテキストメニューから、起動やタグ付け、プッシュ、削除などの処理が可能です。

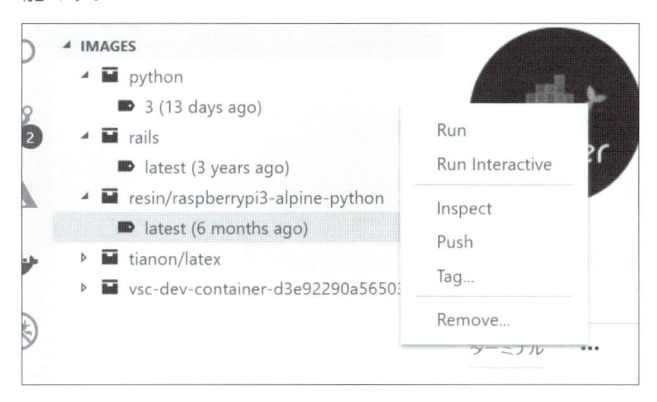

コンテキストメニューから「Push」を選択すると、デフォルトレジストリにコンテナをプッシュできます。

◉ コンテナレジストリ管理

「Registries」では、Docker HubやAzure container registry、他のクラウド上のコンテナレジストリのイメージの一覧を確認できます。

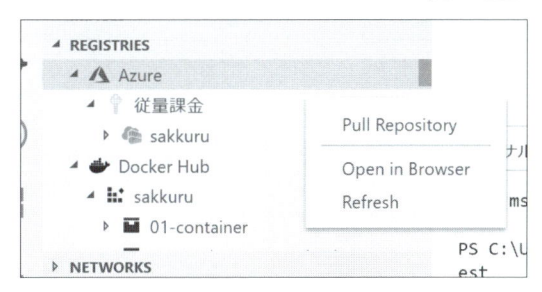

ここからタグを確認してイメージをローカルにプルすることができます。

◉ ネットワーク、ボリューム管理

「Networks」「Volumes」では、ローカルにあるコンテナのネットワークやデータボリュームの一覧を確認できます。

便利な拡張機能で開発をもっと効率化しよう

8

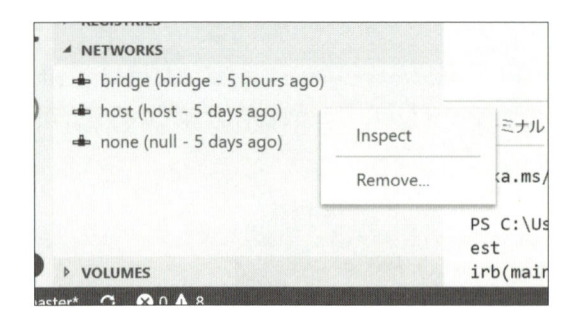

コンテキストメニューの「Inspect」から、情報を表示させることができます。

▣ Rainbow CSV

カンマ（CSV）やタブ（TSV）、セミコロン、パイプ等で区切られたファイルの表示やクエリ操作、整形を手軽に可能にする拡張機能です。

◉ カラムのハイライト

カラム毎に異なる色で表示されます。

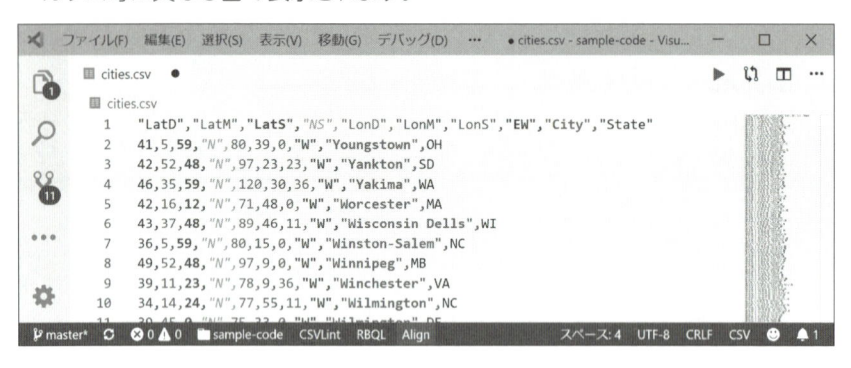

◉ カラムの整列

ステータスバーの「Align」「Shrink」をクリックすると、カラムの整列と圧縮を切り替えることができます。

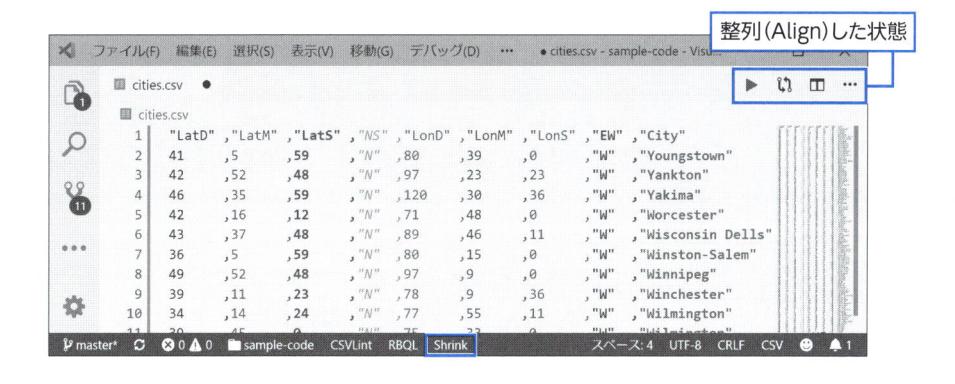

整列（Align）した状態

RBQLクエリでデータ操作

コンソールから、RBQL（RainBow Query Language）というSQLに似たクエリ言語を使ってデータ操作が可能です。

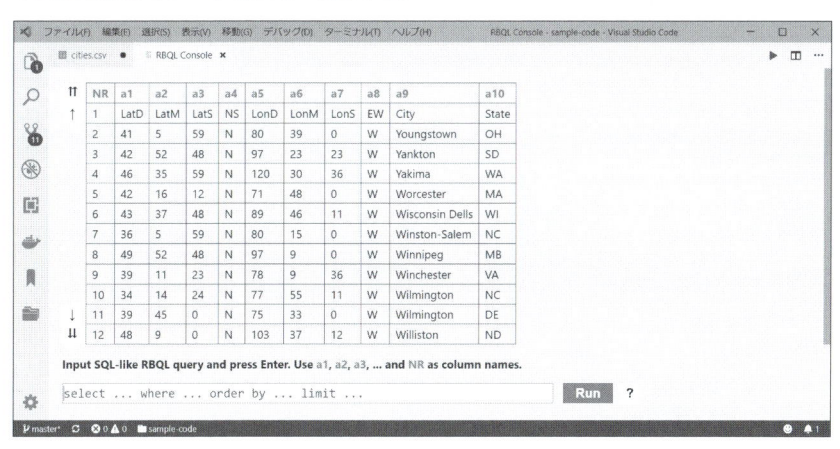

以下がRBQLの例です。各カラム名はa1,a2,……という別名を使用でき、select、where、order by、limitといったSQLと同様のクエリが使えます。

```
select a9, a1, a2 where a10 == "WA"
```

結果は新しいタブで表示されます。

便利な拡張機能で開発をもっと効率化しよう　8

ナビゲーション支援系

⊡ Bookmarks

ワークスペース内のファイルの任意の行や選択部分をブックマークし、簡単に移動できるようにする拡張機能です。

「Bookmarks: List from All Bookmarks」でワークスペース内のすべてのブックマークを一覧で表示し、移動することができます。

⊡ Project Manager

Project Managerを使用すると、複数のワークスペースを手軽に切り替えることができます。手動でお気に入りのワークスペースを登録できる他、GitやSVNなどのリポジトリは自動で認識します。

● 一覧表示とプロジェクトの切り替え

拡張機能をインストールすると、アクティビティバーにアイコンが追加され、Project Managerビューが使用できるようになります。ここでお気に入りや自動認識されたプロジェクトの一覧が表示されます。

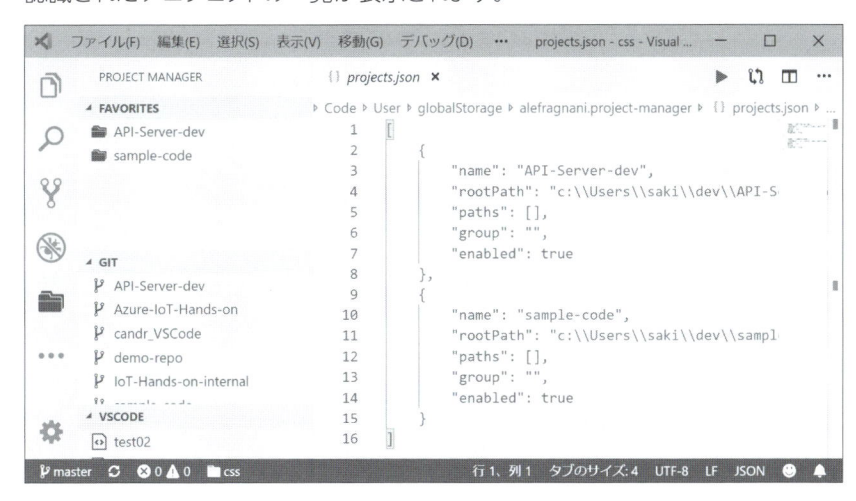

クリックするとワークスペースを切り替えることができます。新しいウィンドウで開くことも可能です。

● お気に入りの登録

ワークスペースを開いているときに、 ▣ アイコンをクリックするか、コマンドパレットの「Project Manager: Save Project」を実行すると、お気に入りとしてワークスペースを登録できます。

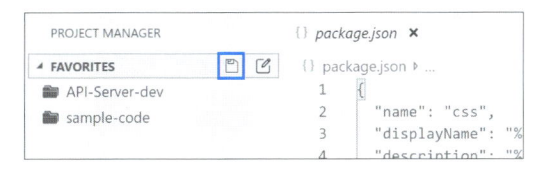

登録したワークスペースは「Favorites」に追加されます。

● お気に入りの編集

「Favorites」の一覧のコンテキストメニューから、お気に入りの削除や無効化が可能です。

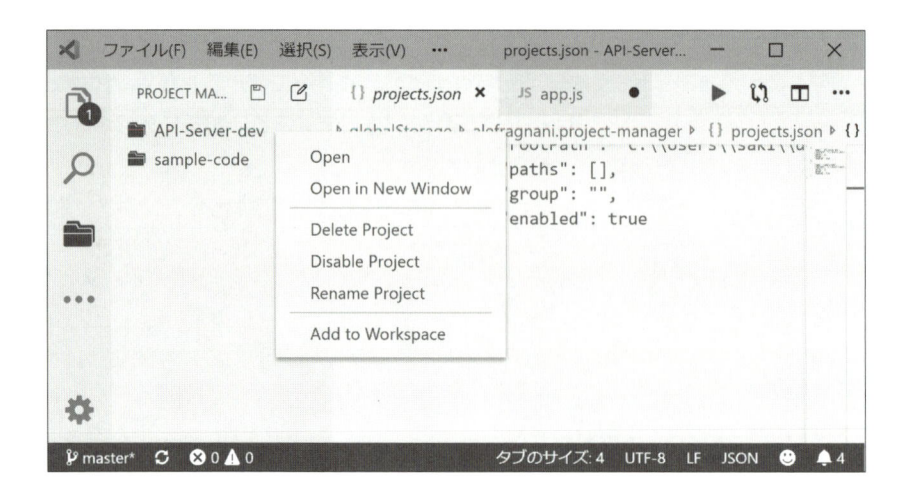

また、アイコンをクリックすると、お気に入りを管理するJSONファイルの編集を行うことができます。

● リポジトリの自動認識

settings.jsonでフォルダーを指定することで、配下のプロジェクトを自動で認識させることができます。

たとえば以下の設定では、c:\Users\saki\dev配下にあるGitリポジトリが自動で認識され、Project Managerビューで表示されるようになります。

```
"projectManager.git.baseFolders": [
    "c:\Users\saki\dev"
]
```

Git以外にもSVNやMercurialのリポジトリ、.vscodeがあるフォルダーを自動認識可能です。

入力系

❏ キーマップ変更

VS CodeにはさまざまなIDE、エディターのキーマップをエミュレートできる拡張機能が多数提供されています。以下が一例です。

- Vim
- Emacs Keymap
- Sublime Text Keymap and Settings Importer
- Atom Keymap
- IntelliJ IDEA Keybindings
- Notepad++ Keymap
- Visual Studio Keymap
- Eclipse Keymap
- Dephi Keymap

❏ Japanese Word Handler

日本語の単語単位でのカーソル移動を可能にする拡張機能です。

以下のような文書上を移動する際に、「Ctrl」と「←」もしくは「→」(macOSの場合は「option」と「←」もしくは「→」)で単語区切りで移動がカーソルを移動させられます。「¦」の印があるところがカーソル位置です。

¦ 日本語 ¦ の ¦ 単語単位 ¦ での ¦ カーソル ¦ 移動 ¦ を ¦ 可能 ¦ にする ¦ 拡張機能 ¦ です ¦ 。 ¦

便利な拡張機能で開発をもっと効率化しよう

8

ドキュメント系

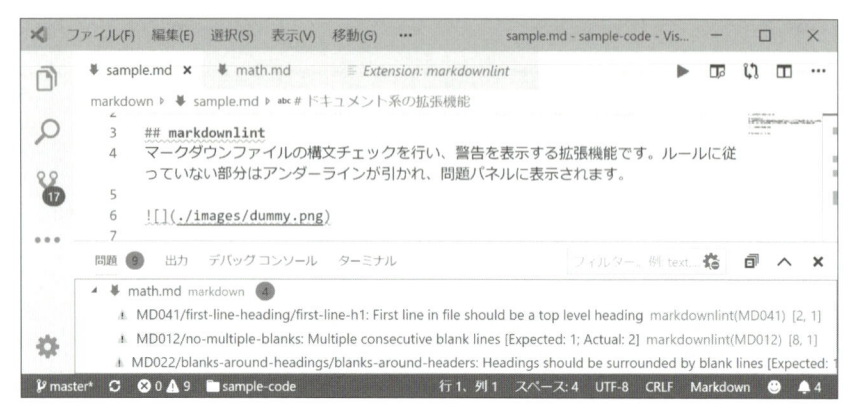 markdownlint

マークダウンファイルの構文チェックを行う拡張機能です。ルールに従っていない部分はアンダーラインが引かれ、ホバーと問題パネルにエラー内容が表示されます。

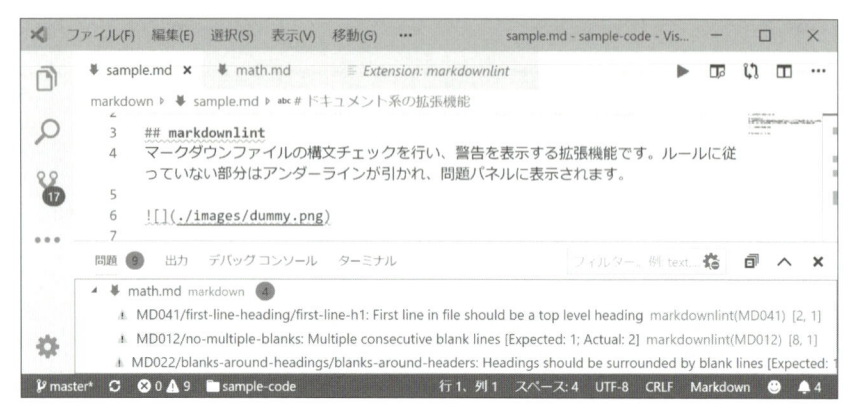

Markdown All in One

マークダウンファイルの編集に便利なさまざまな機能が追加されます。

目次の生成

コマンドから目次(TOC)を任意の位置に作成することができます。マークダウンファイルを開き、コマンドパレットから「Markdown All in One: Crete Table of Contents」を選択すると、カーソルの位置に目次が挿入されます。

便利な拡張機能で開発をもっと効率化しよう

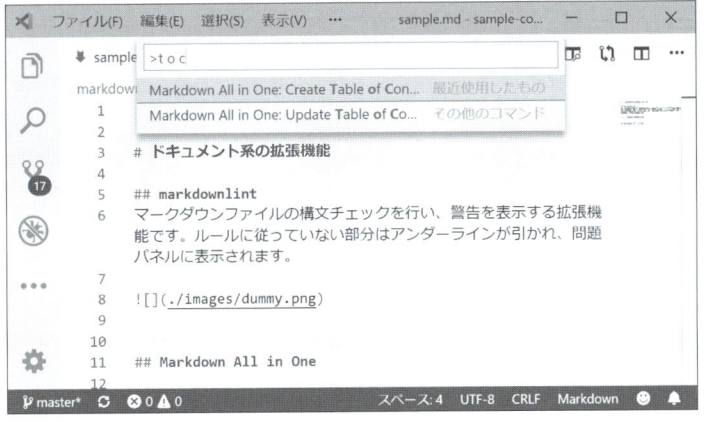

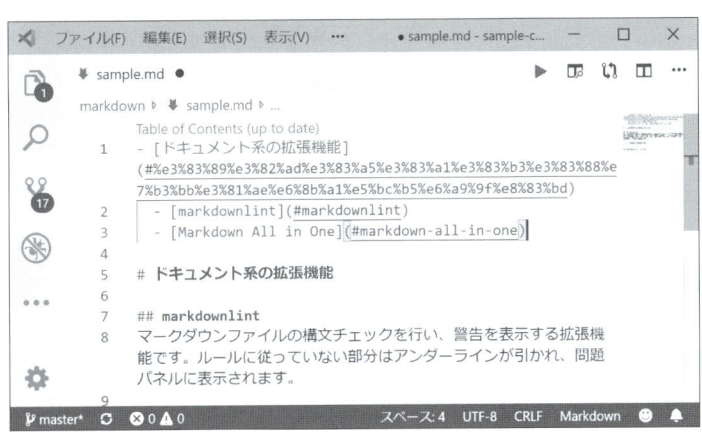

● テーブルフォーマット

テーブルのフォーマッタ機能が追加されます。「Alt」+「Shift」+「F」などでフォーマットを行うと、テーブルのカラムの幅が統一されます。

Azureと連携する拡張機能

VS Codeはマイクロソフトが開発していることもあり、同社が提供するクラウドサービスであるAzureと連携する拡張機能が豊富です。本節ではいくつかの拡張機能をピックアップして紹介します。

Azure Functions

Azure Functionsはサーバーレスの開発環境を提供するクラウドサービスで、JavaScriptやPython、JavaやC#など、多くの開発言語に対応しています。

この拡張機能を使用することで、雛形からプログラムを作成し、ローカルで開発、デバッグしたコードをそのままAzureにデプロイすることができます。

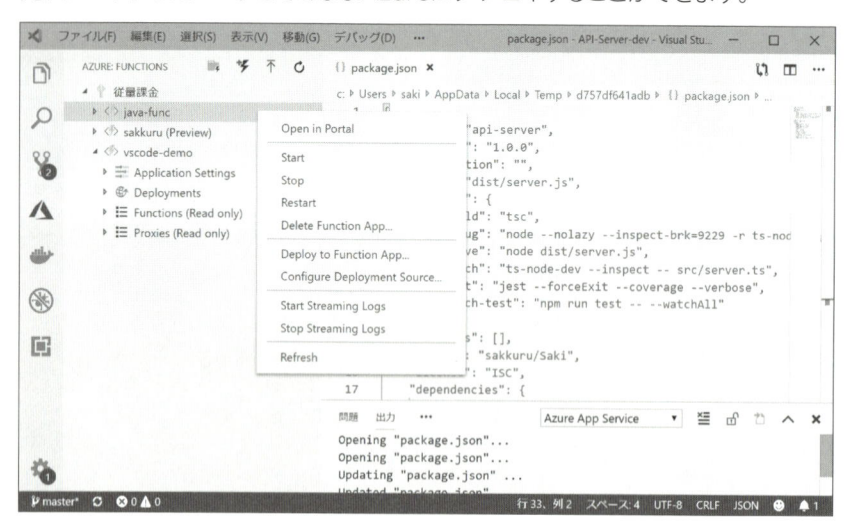

クラウド上ですでに動いているコードの停止や再起動や、ストリームログの確認が可能です。

▣ Azure App Service

Azure App ServiceはWebやモバイルアプリケーション、APIサーバーなどをスケーラブルに動かすプラットフォーム環境を提供するクラウドサービスです。

拡張機能を利用することで、開発したアプリケーションをクリックひとつでデプロイすることができます。

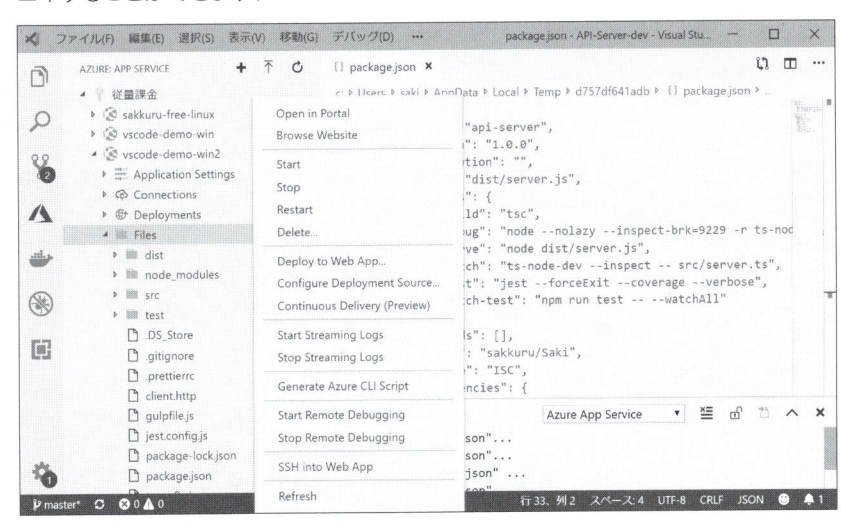

またAzure上のアプリのデバッグやストリームログの確認、SSH等もVS Codeから行うことが可能です。

▣ Azure IoT Hub Toolkit

Azure IoT Hubは数十万、数百万のデバイスの管理や作成、デバイスとのメッセージ送受信などが可能なIoTシステムの要となるサービスです。拡張機能を使うことで、その機能をVS Codeから実行できるようになります。

便利な拡張機能で開発をもっと効率化しよう

235

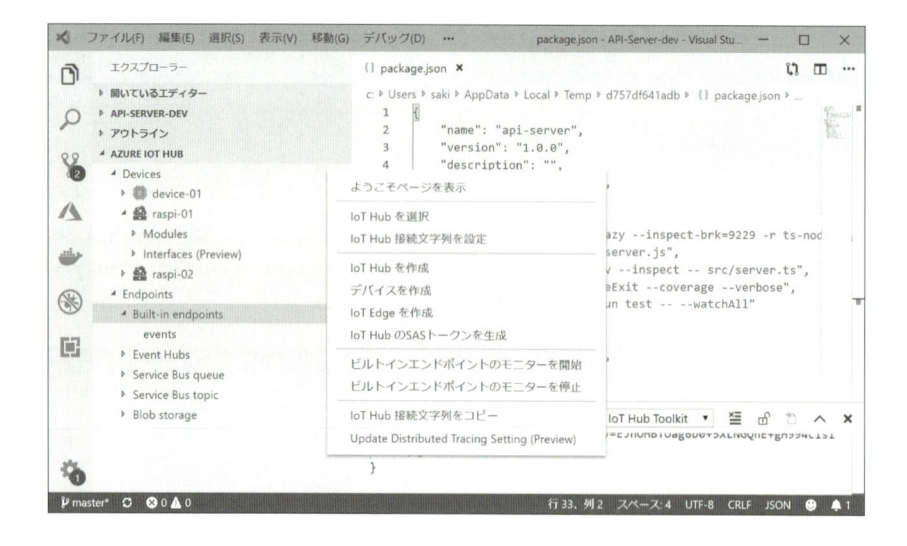

Azure IoT Edge

Azure IoTのエッジコンピューティング開発を支援する拡張機能で、デバイス上で動かすコンテナの開発やビルド、シミュレータ上での実行が可能です。

さらには開発したコンテナのデバイスへのデプロイまで行うことができます。

オリジナルの拡張機能を
作ってみよう

▶ 本章の概要 ◀

VS Codeでは、専用のAPIを使用して誰でも拡張機能を開発で
きます。本章ではオリジナルの拡張機能を作り、マーケットプレイ
スで公開・配布する方法を紹介します。

はじめての拡張機能を
作成しよう

VS Codeの拡張機能の実態は、Node.jsのパッケージです。拡張機能には外観やアイコンを変更するテーマやコマンドを追加するもの、デバッグやインテリセンスなどの開発機能を補強するものなど、さまざまなパターンがあります。

本節では多くの拡張機能で必須となるコマンド追加を例に、拡張機能の開発方法を解説します。

開発環境の準備

拡張機能の開発にはNode.js、npmが必要になります(Node.js、npmのインストールについては3章を参照してください)。

● Yeomanとジェネレータのインストール

VS Codeの拡張機能を開発するには、公式提供のYeomanのジェネレータを使用するのが一番簡単でしょう。YeomanはWeb系の開発プロジェクトの雛形作成ツールで、拡張機能に必要なファイルをまとめて生成してくれます。

Yeomanとジェネレータを開発環境にインストールします。ターミナルで以下のコマンドを実行しましょう。

```
> npm install -g yo generator-code
```

オリジナルの拡張機能を作ってみよう
9

拡張機能の雛形を作成

開発用のフォルダーに移動し、以下のコマンドを実行します。

```
> yo code
```

対話形式で必要な設定を行っていきます。

今回は「New Extension (TypeScript)」を選択し、拡張機能の名前は「myExt」としました。

```
> yo code
```

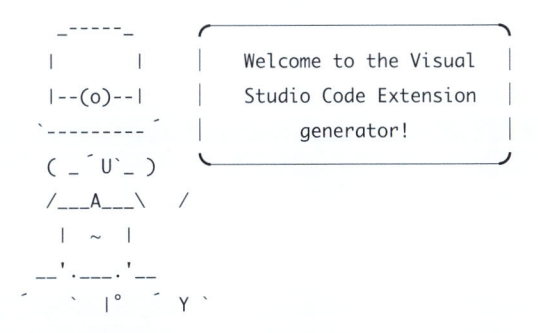

```
? What type of extension do you want to create? New Extension
(TypeScript)
? What's the name of your extension? myExt
? What's the identifier of your extension? myext
? What's the description of your extension?
? Initialize a git repository? Yes
? Which package manager to use? npm
   create myExt/.vscode/extensions.json
   create myExt/.vscode/launch.json
   create myExt/.vscode/settings.json
   ...
```

設定が終わると、ファイルの生成やパッケージのダウンロードが始まります。それが終わったら、VS Codeで開発用フォルダーを開きましょう。

```
> code myext
```

拡張機能の実行

作成した雛形ファイルは、そのまま拡張機能として実行できるようになっています。ビルドやデバッグ用の構成ファイルも生成されています。

早速起動してみましょう。「F5」キーを押すか、デバッグビューから「Run Extension」を選択します。

すると、新たにVS Codeのウィンドウが開きます。

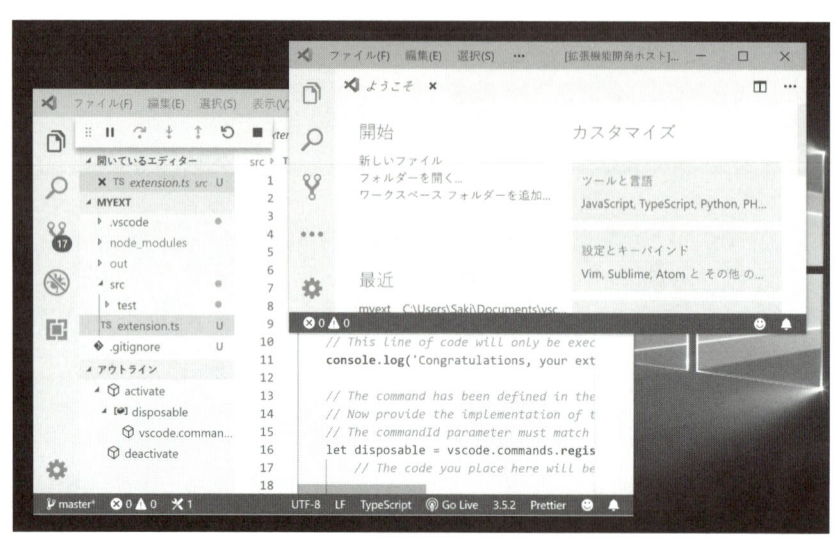

この新規ウィンドウでは、開発中の拡張機能が使用できるようになっています。以降、このウィンドウを拡張機能開発ホストと呼びます。

拡張機能開発ホストのコマンドパレットを呼び出し、「Hello World」というコマンドを実行してみましょう。

> hello

「Hello World」をクリック

Hello World

「Hello World!」とメッセージが表示されます。

ⓘ Hello World!

とてもシンプルですが、拡張機能で新しいコマンドを追加することができました。

メッセージ変更

コードを編集して、表示されるメッセージを変更してみましょう。

デバッガを起動している方のVS Codeのウィンドウで、srcフォルダーの中にあるextension.tsを開きます。

src/extension.ts

```
vscode.window.showInformationMessage('Hello World!');
```

上記の行を、以下のように変更してみましょう。

src/extension.ts

```
vscode.window.showInformationMessage('Hello VS Code!');
```

ウィンドウを再起動

デバッガから拡張機能開発ホストを再起動します。その後、再び拡張機能開発ホストの「Hello World」コマンドを実行します。

```
ⓘ Hello VS Code!
```

メッセージが変更されました。

VS Codeで実行できる
新しいコマンドを作ろう

　前節で作成した拡張機能にさらに手を加えて、新しいコマンドを追加してみましょう。

⊡ コマンドタイトルの変更

　コマンドパレット等で表示されるコマンドタイトルを変更します。

　package.jsonを開き、contributesの中のcommandsを以下のように変更します。

package.json

```
"contributes": {
  "commands": [
    {
      "command": "extension.helloWorld",
      "category": "ひとりごと",
      "title": "ねむいよー"
    }
  ]
},
```

　拡張機能開発ホストを再起動して、コマンドパレットを開きます。

```
>

ひとりごと: ねむいよー            最近使用したもの
Git: クローン
Git: Clone
Add gitignore
```

　コマンドのタイトルが変更されたことがわかります。categoryはタイトルの先に表示され、コマンドパレット等でのグルーピングを容易にします。categoryやtitleでは日本語が使用可能です。

▣ メッセージの表示形式を変更

変更したコマンドタイトルに合わせて、メッセージの内容と表示形式を変更してみましょう。

extension.tsを開きます。

src/extension.ts

```
vscode.window.showInformationMessage('Hello VS Code!');
```

このshowInformationMessageをshowWarningMessageに変更し、メッセージと引数も変更します。

src/extension.ts

```
vscode.window.showWarningMessage('仮眠を取りましょう。', 'はい', '無理
です')
.then(answer => {
  console.log(answer);
});
```

拡張機能開発ホストを再起動して、コマンドパレットからコマンドを実行します。

warningの場合は、手前に警告マークが付きます。thenメソッドを続けることで、ボタンに応じた処理を追加することができます。

ちなみにshowErrorMessageを使用すると、以下のような表示になります。

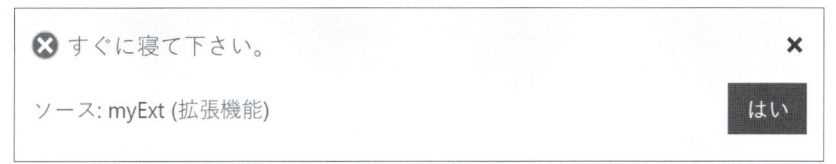

9

オリジナルの拡張機能を作ってみよう

243

⊡ コマンドIDの変更

コマンドIDがhelloWorldのままでは実態に即していないので、こちらも変更しましょう。

extension.tsとpackages.jsonの 中 のextension.helloWorldをmyExt.saySleepyに変更します。

packages.json

```
"activationEvents": [
  "onCommand:myExt.saySleepy"
],

"contributes": {
  "commands": [
    {
      "command": "myExt.saySleepy",
      "category": "ひとりごと",
      "title": "ねむいよー"
    }
  ]
},
```

src/extension.ts

```
let disposable = vscode.commands.registerCommand('myExt.saySleepy', ()
=> {
```

表面上に変化はありませんが、内部のコマンドIDを変更することができました。

⊡ 現在時刻を表示するコマンドを追加

もう一つ、現在時刻を表示するコマンドを追加してみましょう。コマンドIDはmyExt.sayCurrentTimeとします。

packages.json

```
"activationEvents": [
  "onCommand:myExt.saySleepy",
  "onCommand:myExt.sayCurrentTime"
],
```

```
"contributes": {
  "commands": [
    {
      "command": "myExt.saySleepy",
      ...
    },
    {
      "command": "myExt.sayCurrentTime",
      "category": "ひとりごと",
      "title": "いまの時刻は？"
    }
  ]
},
```

　さらに、extension.tsのactivateメソッドの末尾に以下のコードを追加します。myExt.sayCurrentTimeを登録し、Dateクラスで現在時刻を取得して、メッセージに追加しています。

src/extension.ts

```
disposable = vscode.commands.registerCommand('myExt.sayCurrentTime', ()
=> {
  const time = new Date().toLocaleString('ja-JP');
  console.log(time);
  vscode.window.showInformationMessage('今は' + time + 'です。');
});

context.subscriptions.push(disposable);
```

　拡張機能開発ホストを再起動して、コマンドパレットを開きます。

```
>ひ

ひとりごと：いまの時刻は？
ひとりごと：ねむいよー
```

9　オリジナルの拡張機能を作ってみよう

「ひとりごと: いまの時刻は?」というコマンドが増えています。実行すると、現在時刻が表示されます。

> ℹ 今は2019/7/26 4:19:02です。

拡張機能のデバッグ

拡張機能はNode.jsのプログラムと同様にデバッグを行えます。
extension.tsの以下の行にブレークポイントを設定してみましょう。

src/extension.ts

```
const time = new Date().toLocaleString('ja-JP');
```

```
27
28        disposable = vscode.commands.register
●  29          const time = new Date().toLocaleStr
30          console.log(time);
31          vscode.window.showInformationMessag
32        });
```

拡張機能開発ホストを再起動して、コマンドパレットから「ひとりごと: いまの時刻は?」を実行しましょう。ブレークポイントの位置で処理が止まります。

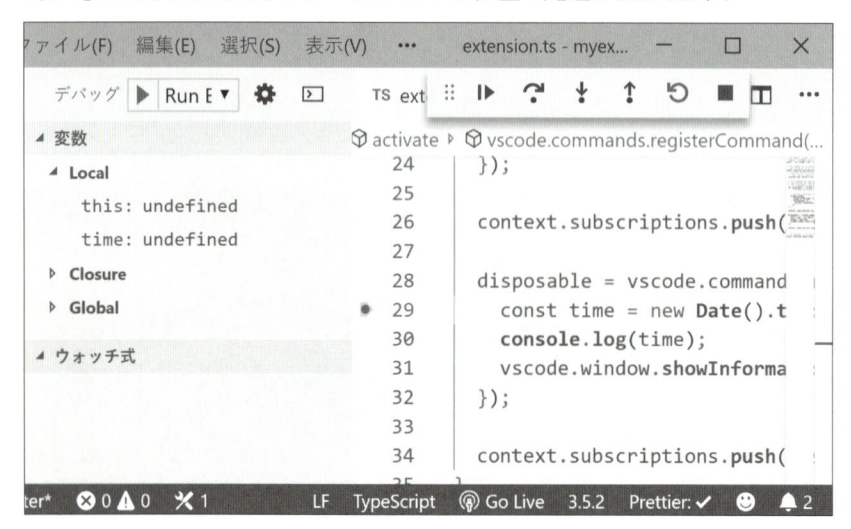

　ステップ実行すると、timeなど変数の値の変化を確認することができます。またコールスタックなども確認できます。

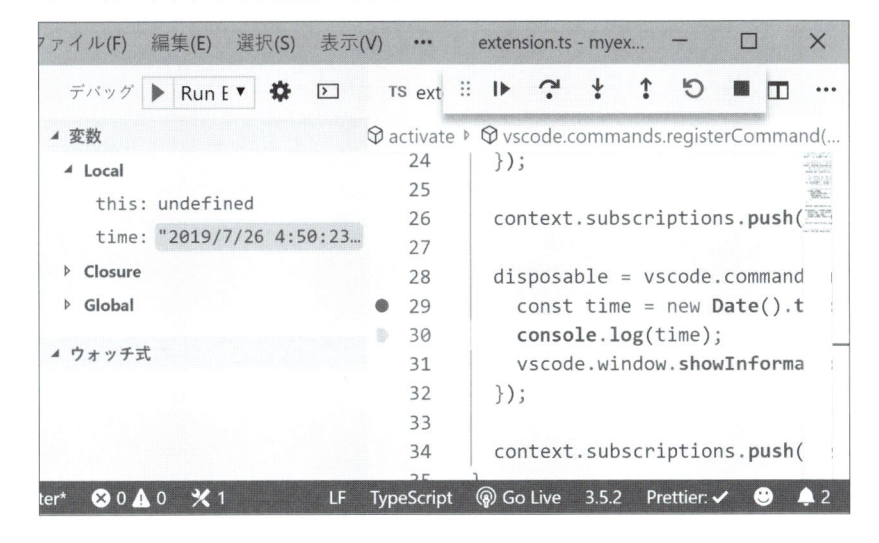

◉ 開発者ツール

　「ヘルプ」→「開発者ツールの切り替え」から、開発者ツールを開くことができます。この開発者ツールはChromeブラウザの開発者ツールと同様のものです。

　console系の出力は、拡張機能ホストの開発者ツールの「Console」タブで確認できます。

拡張機能の基本構造

前節のmyExtでは、雛形のコードからいくつかの変更を行いました。extension.tsのactivateメソッドと、package.jsonのcontributesとactivationEventsです。

本節ではそれらを含めて、拡張機能の基本的な概念について解説します。

▣ Contribution Point

package.json内のcontributesはContribution Pointの設定を行っています。Contribution PointはVS Codeのどの機能どのように拡張するのかを明示するもので、使用可能な値としてはcommandsのほかにconfigurationやlanguages、debuggersなどがあります。1つの拡張機能で複数のContribution Pointを設定することができます。

Contribution Pointの設定例

```
"contributes": {
  "commands": [
    ...
  ],
  "menus": [
    ...
  ],
  "keybindings": [
    ...
  ]
},
```

myExtでは2つのコマンドを追加したので、commandsという項目にコマンドIDやタイトルを記述しました。

● Contribution Pointsの一覧

Contribution Points	拡張・追加する項目
breakpoints	デバッガ使用中、ブレークポイントが有効な言語
colors	UIの配色テーマ
commands	コマンドパレットなどで使用できるコマンド
configuration	ユーザー設定やワークスペース設定の項目

9 オリジナルの拡張機能を作ってみよう

248

Contribution Points	拡張・追加する項目
configurationDefaults	言語ごとの規定の設定
debuggers	デバッガアダプタ
grammars	textMateの字句解析器
iconThemes	アイコンテーマ
jsonValidation	JSONファイルのスキーマ
keybindings	コマンドのキーボードショートカット
languages	言語を判断する定義
localizations	ローカリゼーション
markdown.markdownItPlugins	マークダウンの構文を追加するときはtrue
markdown.previewScripts	マークダウンプレビューで実行されるスクリプト
markdown.previewStyles	マークダウンプレビューで使用されるCSS
menus	各種メニュー項目
problemMatchers	タスクで使用するProblem Matcherパターン
problemPatterns	Problem Matcherで使用するパターン
resourceLabelFormatters	URIの表示方法
snippets	スニペット
taskDefinitions	タスク定義
themes	シンタックスハイライトの配色テーマ
typescriptServerPlugins	TypeScriptの言語サービスプラグイン
views	エクスプローラビューやデバッグビューなどに新たなビューを追加
viewsContainers	アクティビティバーに新たなビューコンテナを追加

⊡ Activation Event

package.jsonのactivationEventsは、拡張機能を利用可能するタイミングを明示する、Activation Eventを列挙したものです。

Activation Eventには、onCommandのほかにも、VS Code起動時に利用可能にする*や、デバッグセッション開始時に利用可能するonDebugなどがあります。拡張機能のプログラム内のactivateメソッドは、指定されたActivation Eventのいずれかが発生したときに一度だけ実行されます。

Activation Eventの設定例

```
"activationEvents": [
  "onLanguage:json",
  "onCommand:sample.reveal"
],
```

myExtではonCommandを2つ記述していますが、これはmyExt.saySleepyかmyExt.sayCurrentTimeのどちらかがはじめて呼ばれたときに、myExtという拡張機能が利用可能になるよう設定していることになります。

◉ Activation Eventの一覧

Activation Event	タイミング
*	VS Codeの起動時
onCommand: commandId	特定のコマンドが呼び出されたとき
onDebug	デバッグセッションが開始されたとき
onDebugAdapterProtocol Tracker: type	Debug Adapter Protocolの追跡がはじまったとき
onDebugInitialConfigurations	provideDebugConfigurationsメソッドが呼び出される直前
onDebugResolve: type	resolveDebugConfigurationメソッドが呼び出される直前
onFileSystem: scheme	特定のスキームのファイルやフォルダーが読み込まれるとき
onLanguage: languageId	特定の言語のファイルが開かれたとき
onSearch: scheme	指定されたスキームでフォルダー内で検索が開始されるとき
onUri	拡張機能のシステムワイドURIが開かれたとき
onView: viewId	特定のビューが展開されるとき
onWebviewPanel: viewType	指定のWebViewを復元する必要があるとき
workspaceContains: filePattern	ワークスペースにglobパターンに一致するファイルが少なくとも1つ含まれるとき

▣ activateメソッド

activateは拡張機能が利用可能になる(Activated)ときに呼ばれるメソッドです。利用可能になるタイミングについては、Activation Eventで指定します。

```
import * as vscode from 'vscode';

export function activate(context: vscode.ExtensionContext) {
  ...
}
```

◉ registerCommand

activateメソッド内のregisterCommandは、コマンドIDとコマンドハンドラを関連付けるメソッドです。コマンドハンドラはコマンドが呼ばれた際に実行される関数です。

```
let disposable = vscode.commands.registerCommand(commandId, () => {
  ...
});
```

　myExtは、2つのコマンドをVS Codeに追加したので、registerCommandも2回実行しています。

マニフェストの設定項目

　拡張機能のpackage.jsonには、activactionEventsやcontributes以外にも、たくさんの設定項目が存在します。ここでは主だったものを紹介します。

項目	概要
name	必須項目。拡張機能のID。すべて小文字でスペースは使用できない
version	必須項目。拡張機能のバージョン
publisher	必須項目。公開者のパブリッシャーID
engines	必須項目。拡張機能が使用できるVS Codeのバージョン。例: ^0.10.5(バージョン0.10.5以上)
activationEvents	Activation Eventsの配列
badges	マーケットプレイスの拡張機能ページに表示されるバッジの配列
categories	カテゴリ名の配列。例: ["Programming Languages", "Formatters"]
contributes	Contribution Pointの設定
displayName	マーケットプレイスで表示される拡張機能の名前
extensionKind	拡張機能の種類。"ui"か"workspace"。uiはローカルマシン、workspaceはリモートで実行される
extension Dependencies	依存するほかの拡張機能のIDの配列
extensionPack	同梱されるほかの拡張機能のIDの配列
keywords	検索用のキーワードの配列
galleryBanner	マーケットプレイス用のアイコン
icon	アイコンのパス。128 x 128以上
main	拡張機能のエントリーポイント
markdown	マークダウンのレンダリングエンジン。"github"か"standard"
preview	trueでプレビューのフラグをセット
qna	Q&Aリンクの制御。"marketplace"かfalseQ&AサイトのURL

拡張機能でできること・サンプル

VS Codeの拡張機能でできることは非常に多く、すべてを解説することはできません。本節では拡張機能が可能なことや例をおおまかに分類して紹介します。

拡張機能で可能なこと

◉ 共通機能

- コマンド、設定、キーボードショートカット、コンテキストメニューの項目、出力チャネルなどの追加
- ワークスペースやグローバルのデータの保存
- 通知メッセージの表示
- ユーザー入力を求めるピッカーの使用

◉ テーマ

- 配色テーマの作成
- シンタックスハイライトの配色の変更
- アイコンのカスタマイズ

◉ 開発言語機能

- スニペットの追加
- 新たなプログラミング言語対応
- ホバーで、APIのサンプルを表示
- 新しいフォーマッタやLintの追加

◉ インターフェイス系

- コンテキストメニューにアクションを追加
- 新たなビューの追加
- ステータスバーに情報を追加
- WebViewを使用してGUIを作成

◉ デバッグ系

- デバッグUIとデバッガ、ランタイムをつなぐアダプタの実装
- launch.jsonで使用するスニペットの定義
- launch.jsonで使用するインテリセンスやホバーの提供

拡張機能のサンプル

拡張機能を作成する際は、公式のサンプルを参考にすると良いでしょう。

https://github.com/microsoft/vscode-extension-samples

拡張機能の公開とパッケージ配布

　開発した拡張機能はVS Codeのマーケットプレイスに誰でも無料で公開することができます。

　VS Codeマーケットプレイス

　　https://marketplace.visualstudio.com/VSCode

　本節では拡張機能を公開する方法と、マーケットプレイスへ公開せずに拡張機能を配布する方法を紹介します。

▣ vsceのインストール

　拡張機能のパッケージングや公開を行うためのCLIツールをインストールします。

```
> npm install -g vsce
```

▣ パーソナルアクセストークンの取得

　VS Codeの拡張機能の公開にはトークンが必要となり、それはAzure DevOpsというサービスで取得することができます。

　Azure DevOpsは次のURLからアクセスできます。

　　https://azure.microsoft.com/ja-jp/services/devops/

　Azure DevOpsはGitのリポジトリ機能やカンバン、ビルドやテストなどを行うVM環境を無料で使用することができるWebサービスです。組織(Organization)内で複数のプロジェクトを管理できるようになってます。

◉ Azure DevOpsの組織(Organization)の作成

　まだAzure DevOpsのどの組織にも所属していない場合は、新たに組織を作成しましょう。「無料で始める」をクリックし、MicrosoftアカウントかGitHubのアカウントでログインします。

ログイン後、組織を作成しましょう。

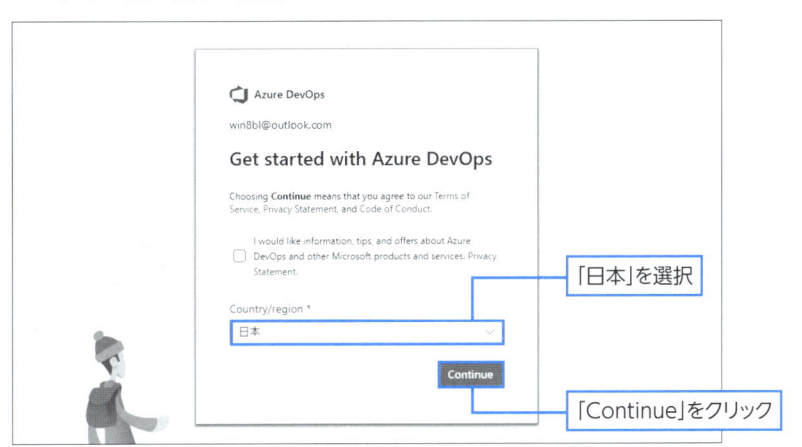

● パーソナルアクセストークンの生成

新しくパーソナルアクセストークンを作成しましょう。

Azure DevOpsのホームページにアクセスし、ログインします。自分のアイコンが右上に表示されるのでクリックし、メニューの「Security」を選択しましょう。

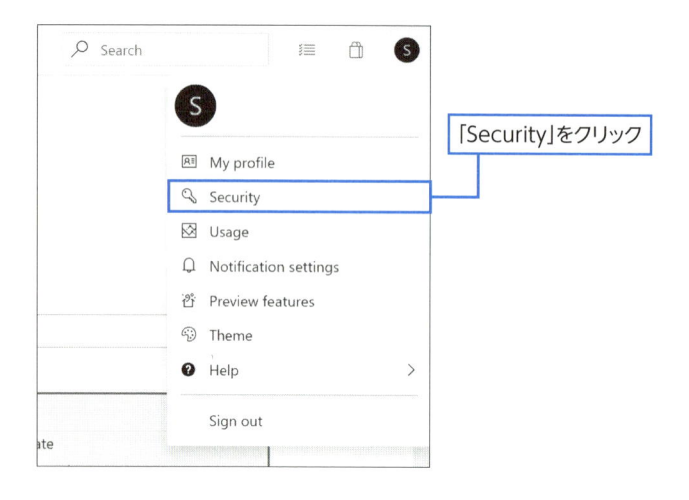

「New Token」をクリックします。

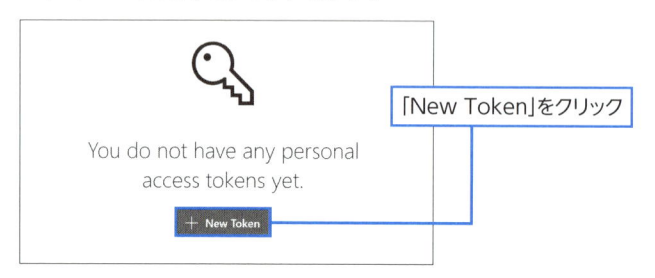

トークンの設定を行います。Nameを「vsce」とし、Organizationを「All accessible organizations」とします。Expiration（有効期限）は最大1年まで伸ばすことができます。

さらにScopeを「Custom defined」を選択し、「Show all scopes」をクリックしましょう。スクロールするとMarketplaceのスコープ選択が現れるので、「Acquire」と「Manage」を選択します。

最後に「Create」をクリックします。

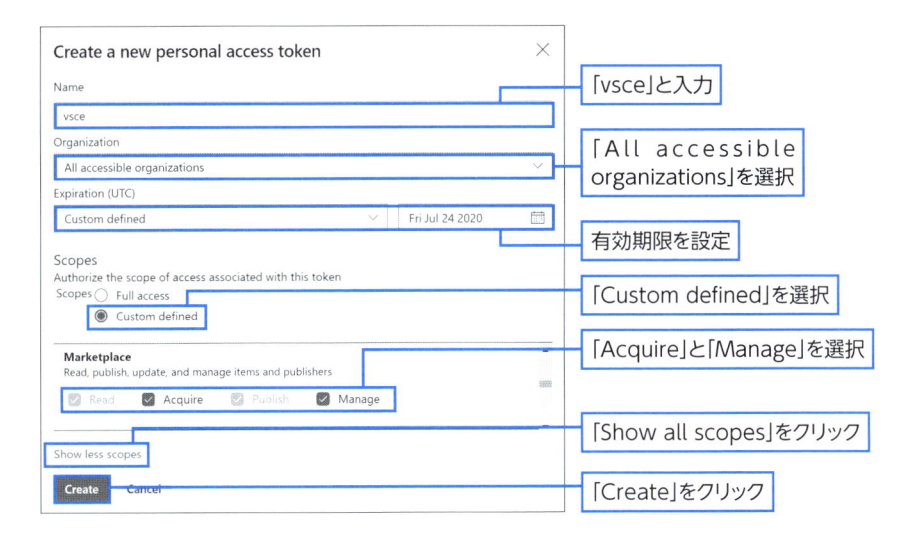

パーソナルアクセストークンの文字列が表示されるので、コピーしましょう。このトークンはパブリッシャーを作成するのに使用します。

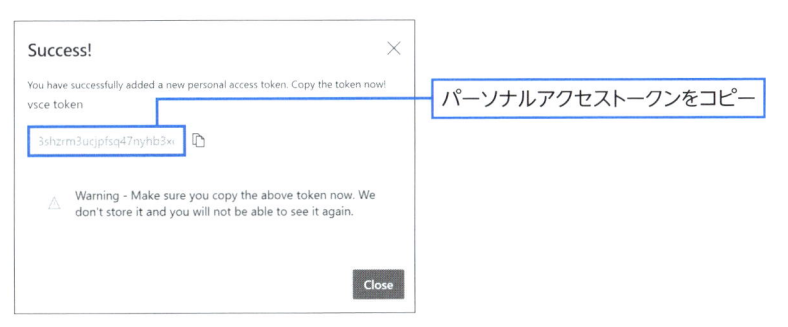

パブリッシャーの作成

拡張機能を公開するにはパブリッシャーの作成が必要です。パブリッシャーは拡張機能の公開者の名前として使用されます。

次のコマンドで、パブリッシャーを作成しましょう。publisher-nameは公開用の名前を決めて入力してください。パーソナルアクセストークンとEメールアドレスが必要になります。

```
> vsce create-publisher <publisher name>
```

9

オリジナルの拡張機能を作ってみよう

作成後、package.jsonのpublisherに記載してください。

```
...
"publisher": "<publisher name>",
...
```

パーソナルアクセストークンの取得やパブリッシャーの作成は、2回目以降の公開や更新では行う必要はありません。

拡張機能の公開

次のコマンドで、拡張機能をマーケットプレイスに公開することができます。

README.mdをデフォルトの状態から更新していないとエラーになるので、公開する前に編集が必要です。

```
> vsce publish
```

公開に成功すると、マーケットプレイスのURLが表示されます。

バージョンの自動設定

バージョン情報を自動で設定させることができます。

以下のコマンドで、メジャーバージョン、マイナーバージョン、パッチバージョンを上げて公開ができます。

```
> vsce publish major
```

```
> vsce publish minor
```

```
> vsce publish patch
```

また、バージョンを指定することも可能です。

```
> vsce publish 2.0.1
```

これらのコマンドはpackage.jsonのversionの値を書き換えたうえで公開を行います。

公開した拡張機能のインストール

公開して数分経つと、拡張機能のページがアクセスできる状態になります。

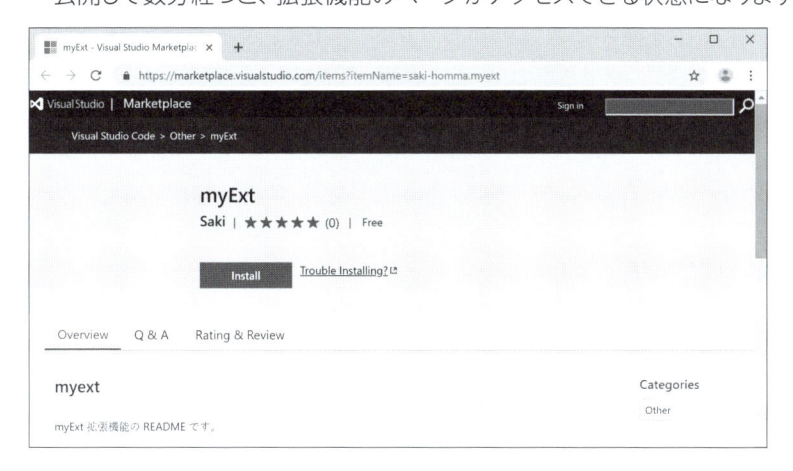

VS Codeの拡張機能ビューからもインストールできるようになっています。

拡張機能を非公開にする

次のコマンドで、公開した拡張機能を非公開にできます。

```
> vsce unpublish <publisher name>.<extension name>
```

9 オリジナルの拡張機能を作ってみよう

🔲 拡張機能を公開せずに配布

拡張機能はマーケットプレイスに公開しなくても使用、配布が可能です。

以下のコマンドを拡張機能のフォルダーのトップで実行することで、VSIXという形式にパッケージングできます。

```
> vsce package
```

このファイルをシェアすることで、マーケットプレイスへ公開せずに拡張機能を配布することができます。

● VSIX形式の拡張機能のインストール

VSIX形式のパッケージは、VS Codeの拡張機能メニューの「VSIXからのインストール…」からインストールします。

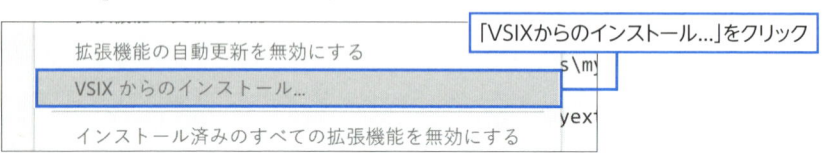

オリジナルの拡張機能を作ってみよう

Appendix

開発時のおすすめ
キーボードショートカット

本章では、VS Codeの便利なキーボードショートカットを紹介します。キーボードショートカットを使用して、作業の効率をアップさせましょう。

便利なキーボードショートカット

VS Codeの多くの機能には、あらかじめキーボードショートカットが設定されています。本節では使用すると便利なキーボードショートカットを中心に紹介します。特に覚えておくと便利なキーボードショートカットは太字で表示しています。

🔳 キーボードショートカットの確認

「管理メニュー」→「キーボードショートカット」や「基本設定」→「キーボードショートカット」などから開いて確認してみましょう。コマンドとキーバインドの一覧が表示されます（キーボードショートカットの変更方法については6章参照）。

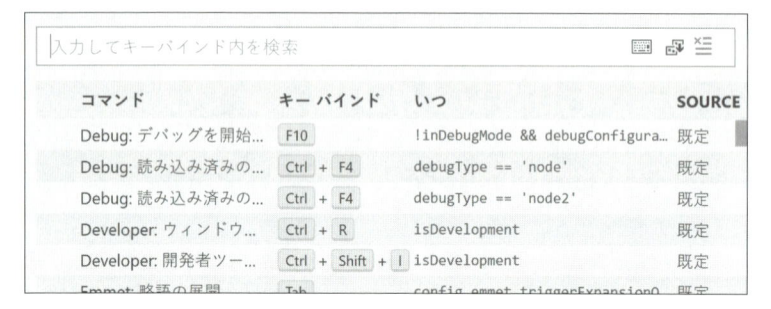

また、「ヘルプ」→「キーボードショートカットの参照」から、デフォルトのキーボードショートカットの一覧を記したPDFにアクセスできます。

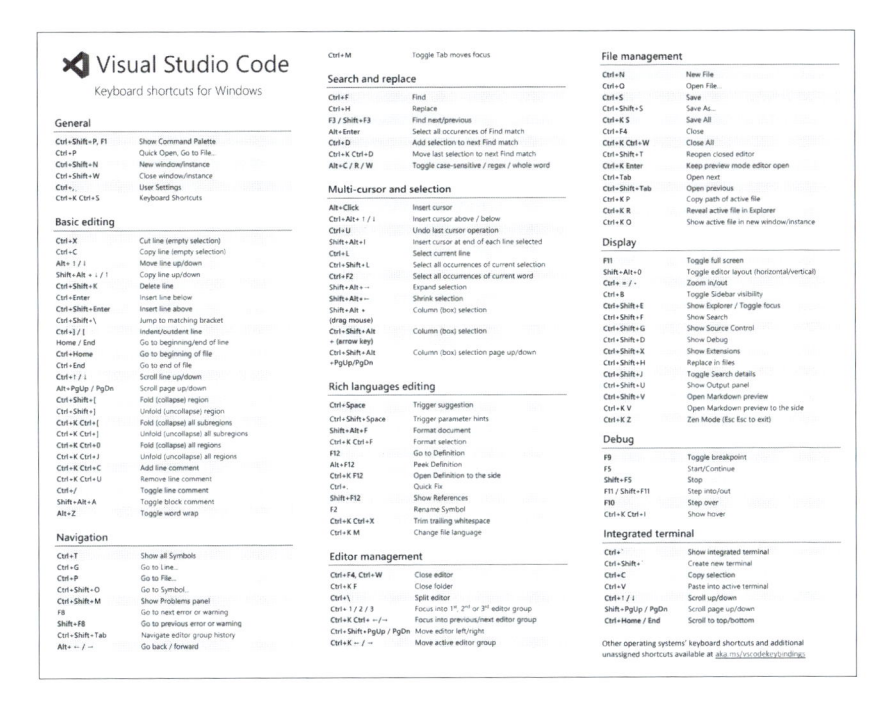

キーボードにないキー

キーボードに記載のキーがない場合は、以下のように読み替えてください。

キー	Windows/Linux	macOS
Home	Fn+←	fn+←
End	Fn+→	fn+→
PgUp	Fn+↑	fn+↑
PgDn	Fn+↓	fn+↓

キーボードショートカットが効かない場合

　一部のキーボードショートカットが効かない場合、拡張機能や設定で上書きされている可能性があります。キーボードショートカットの一覧から確認してください。

　また、それでも解決しない場合は、設定の「Keyboard > Dispatch」を「code」から「keyCode」に変更してみて下さい。

⊡ 基本機能

Windows/Linux	macOS	機能
Ctrl+Shift+P, F1	cmd+shift+P, F1	コマンドパレットの表示
Ctrl+P	cmd+P	クイックオープンを開く
Ctrl+Shift+N	cmd+shift+N	新規ウィンドウを開く
Ctrl+W	cmd+W	タブを閉じる
(Win)Ctrl+Shift+W (Linux)Ctrl+W	cmd+shift+W	ウィンドウを閉じる
Ctrl+,	cmd+,	ユーザー設定を開く
Ctrl+K Ctrl+S	cmd+K cmd+S	キーボードショートカットの設定画面を開く

⊡ 基本の編集機能

Windows/Linux	macOS	機能
Ctrl+C	cmd+C	カーソルがある行をコピー
Ctrl+X	cmd+X	カーソルがある行をカット
Alt+ ↑ / ↓	option+ ↑ / ↓	行や選択箇所を上下に移動
(Win)Shift+Alt+K (Linux)Ctrl+Shift+K	cmd+shift+K	行の削除
Ctrl+Enter	cmd+Enter	下に行を追加して移動
Ctrl+Shift+Enter	cmd+shift+Enter	上に行を追加して移動
Ctrl+Shift+\	cmd+shift+\	対応するブラケットに移動
Ctrl+]	cmd+]	行のインデント
Ctrl+[	cmd+[	行のアウトデント
Home / End	Home / End	行頭・行末に移動
Ctrl+Home	cmd+ ↑	ファイルの先頭に移動
Ctrl+End	cmd+ ↓	ファイルの末尾に移動
Ctrl+ ↑	ctrl+PgUp	上の行にスクロール
Ctrl+ ↓	ctrl+PgDn	下の行にスクロール
Alt+PgUp	cmd+PgUp	上のページにスクロール
Alt+PgDn	cmd+PgDn	下のページにスクロール
Ctrl+Shift+[	option+cmd+[	選択領域を折りたたむ
Ctrl+Shift+]	option+cmd+]	選択領域を展開する
Ctrl+K Ctrl+[	cmd+K cmd+[	すべてのサブ領域を折りたたむ
Ctrl+K Ctrl+]	cmd+K cmd+]	すべてのサブ領域を展開する
Ctrl+K Ctrl+0	cmd+K cmd+0	すべての領域を折りたたむ
Ctrl+K Ctrl+J	cmd+K cmd+J	すべての領域を展開する
Ctrl+K Ctrl+C	cmd+K cmd+C	行コメントを追加

Ctrl+K Ctrl+U	cmd+K cmd+U	行コメントを削除
Ctrl+/	cmd+/	行コメント・アンコメントのトグル
Shift+Alt+A	shift+option+A	ブロックコメント・アンコメントのトグル
Alt+Z	option+Z	折り返しのトグル

マルチカーソルと選択

Windows/Linux	macOS	機能
Alt+Click	option+Click	カーソルの追加
(Win)Ctrl+Alt+ ↑/↓ (Linux) Shift+Alt+↑/↓	option+cmd+↑/↓	カーソルを上下に追加
Ctrl+U	cmd+U	カーソル操作のアンドゥ
Shift+Alt+I	shift+option+I	選択行の末尾にカーソル追加
Ctrl+L	cmd+L	カーソルがある行全体を選択
Ctrl+Shift+L	cmd+shift+L	現在の選択と同じ出現をすべて選択
Ctrl+F2	cmd+F2	カーソルがある単語と同じ出現をすべて選択
Shift+Alt+→	ctrl+cmd+shift+→	選択の拡大
Shift+Alt+←	ctrl+cmd+shift+←	選択の縮小
Shift+Alt+マウスドラッグ	shift+option+マウスドラッグ	矩形選択
Ctrl+Shift+Alt+ ↑/↓	shift+option+cmd+	矩形選択 上下
Ctrl+Shift+Alt+ →/←	shift+option+cmd+→/←	矩形選択 左右
Ctrl+Shift+Alt+PgUp/PgDn	shift+option+cmd+PgUp/PgDn	矩形選択 ページアップ・ダウン

検索と置換

Windows/Linux	macOS	機能
Ctrl+F	cmd+F	検索
Ctrl+H	option+cmd+F	置換
F3	cmd+G	次の検索結果に移動
Shift+F3	cmd+shift+G	前の検索結果に移動
Alt+Enter	option+Enter	検索にマッチしたすべての出現を選択
Ctrl+D	cmd+D	次の検索マッチを選択に追加
Ctrl+K Ctrl+D	cmd+K cmd+D	最後の検索マッチを除外して次の検索マッチを選択に追加
Alt+C / R / W	option+cmd+C/R/W	大小文字の区別・正規表現・単語単位検索を切り替える

🔲 リッチな言語編集

Windows/Linux	macOS	機能
Ctrl+Space	ctrl+space	補完候補の表示
Ctrl+Shift+Space	cmd+shift+space	パラメータヒントの表示
Shift+Alt+F	shift+option+F	ファイル全体をフォーマット
Ctrl+K Ctrl+F	cmd+K cmd+F	選択箇所をフォーマット
F12	F12	定義へ移動
Alt+F12	option+F12	定義を表示
Ctrl+K F12	cmd+K F12	定義をサイドに開く
Ctrl+.	cmd+.	クイックフィックス
Shift+F12	shift+F12	参照を表示
Shift+Alt+F12	shift+option+F12	すべての参照を表示
F2	F2	シンボルの名前変更
Ctrl+K Ctrl+X	cmd+K cmd+X	ファイル全体の末尾のスペースを削除
Ctrl+K M	cmd+K M	ファイルの言語モード変更

🔲 ナビゲーション

Windows/Linux	macOS	機能
Ctrl+T	cmd+T	ワークスペース内のシンボルへ移動
Ctrl+G	ctrl+G	指定行へ移動
Ctrl+P	cmd+P	クイックオープン、ファイル移動
Ctrl+Shift+O	cmd+shift+O	ファイル内のシンボルへ移動
Ctrl+Shift+M	cmd+shift+M	問題パネルを表示
F8	F8	次のエラーか警告に移動
Shift+F8	shift+F8	前のエラーか警告に移動
Ctrl+Shift+Tab	ctrl+shift+Tab	エディタグループの履歴から移動
Alt+←	ctrl+-	前に戻る
Alt+→	ctrl+_	次に進む
Ctrl+M	ctrl+shift+M	タブによるフォーカス移動のトグル

🔲 エディター操作

Windows/Linux	macOS	機能
Ctrl+F4, Ctrl+W	cmd+W	エディターを閉じる
Ctrl+K F	cmd+K F	ワークスペースを閉じる
Ctrl+\	cmd+\	エディターの分割
Ctrl+1/2/3/...	cmd+1/2/3/...	エディターグループの移動

Appendix 開発時のおすすめキーボードショートカット

Ctrl+K Ctrl+←	cmd+K cmd+←	前のエディターグループにフォーカスする
Ctrl+K Ctrl+→	cmd+K cmd+→	次のエディターグループにフォーカスする
Ctrl+PgUp	cmd+option+←	左のタブに移動
Ctrl+PgDn	cmd+option+→	右のタブに移動
Ctrl+K ←	cmd+K ←	エディターグループを左方向に移動
Ctrl+K →	cmd+K →	エディターグループを右方向に移動

▣ ファイル操作

Windows/Linux	macOS	機能
Ctrl+N	cmd+N	新規ファイルを開く
Ctrl+O	cmd+O	ファイルを開く
Ctrl+S	cmd+S	保存
Ctrl+Shift+S	cmd+shift+S	名前を付けて保存
Ctrl+K S	option+cmd+S	すべて保存
Ctrl+F4	cmd+W	ファイルを閉じる
Ctrl+K Ctrl+W	cmd+K cmd+W	ファイルをすべて閉じる
Ctrl+Shift+T	cmd+shift+T	閉じたエディターを開く
Ctrl+K Enter	cmd+K Enter	プレビューモードのエディターを開いたままにする
Ctrl+Tab	ctrl+Tab	エディターグループ内の次のエディターに移動
Ctrl+Shift+Tab	ctrl+shift+Tab	エディターグループ内の前のエディターに移動
Ctrl+K P	cmd+K P	ファイルの絶対パスをコピー
Ctrl+K R	cmd+K R	ファイルをエクスプローラで表示
Ctrl+K O	cmd+K O	ファイルを新規ウィンドウで開く

▣ 表示

Windows/Linux	macOS	機能
F11	ctrl+cmd+F	フルスクリーンのトグル
Shift+Alt+0	option+cmd+0	エディターのレイアウトのトグル
Ctrl++	cmd++	ズームイン
Ctrl+-	cmd+-	ズームアウト
Ctrl+B	cmd+B	サイドバー表示のトグル
Ctrl+Shift+E	cmd+shift+E	エクスプローラーバーを開く / フォーカスのトグル
Ctrl+Shift+F	cmd+shift+F	検索ビューを開く
Ctrl+Shift+G	ctrl+shift+G	ソースコントロールを開く / フォーカスのトグル
Ctrl+Shift+D	cmd+shift+D	デバッグビューの表示 / フォーカスのトグル
Ctrl+Shift+X	cmd+shift+X	拡張機能ビューの表示 / フォーカスのトグル

Appendix

開発時のおすすめキーボードショートカット

Ctrl+Shift+H	cmd+shift+H	検索ビューの置換を開く
Ctrl+Shift+J	cmd+shift+J	検索詳細のトグル
Ctrl+Shift+U	cmd+shift+U	出力パネルのトグル
Ctrl+Shift+V	cmd+shift+V	マークダウンプレビューの表示
Ctrl+K V	cmd+K V	タブを分割してマークダウンプレビューを表示
Ctrl+K Z	cmd+K Z	禅モードに入る(Escで戻る)

デバッグ

Windows/Linux	macOS	機能
F5	F5	デバッグの開始 / 続行
Shift+F5	shift+F5	デバッグの停止
Ctrl+F5	ctrl+F5	デバッグなしで開始
Ctrl+Shift+F5	cmd+shift+F5	デバッグの再起動
F11 / Shift+F11	F11 / shift+F11	ステップイン・ステップアウト
F10	F10	ステップオーバー
F9	F9	ブレークポイントのトグル
F6	F6	一時停止

統合ターミナル

Windows	Linux	macOS	機能
Ctrl+`	Ctrl+`	ctrl+`	統合ターミナルのトグル
Ctrl+Shift+`	Ctrl+Shift+`	ctrl+shift+`	新しいターミナルの作成
Ctrl+Alt+PgUp / PgDn	Ctrl+Shift+ ↑ / ↓	option+cmd+PgUp / PgDn	スクロールアップ・ダウン
Shift+PgUp / PgDn	Shift+PgUp/ PgDn	PgUp / PgDn	スクロールページアップ・ダウン
Ctrl+Home / End	Shift+Home / End	cmd+Home / End	トップ・ボトムへスクロール

統合ターミナルのトグルは、キーボードやIMEの設定によっては「Ctrl」+「@」になります。

索引

■著者紹介

本間咲来(ほんま・さき)

主に「さっくる」というハンドルネームで活動。NTTコミュニケーションズ時代
はエンジニアとして働くかたわら、開発者コミュニティ運営に携わりはじめる。
マイクロソフト入社後、テクニカルエバンジェリスト、ソフトウェアエンジニ
アを経て、現在は開発者にAzureについて体系的に教えるAzureテクニカルト
レーナーとして活動中。

> 編集担当 : 吉成明久 / カバーデザイン : リブロワークス・デザイン室

●特典がいっぱいのWeb読者アンケートのお知らせ

C&R研究所ではWeb読者アンケートを実施しています。アンケートに
お答えいただいた方の中から、抽選でステキなプレゼントが当たります。
詳しくは次のURLのトップページ左下のWeb読者アンケート専用バナー
をクリックし、アンケートページをご覧ください。

C&R研究所のホームページ **http://www.c-r.com/**

携帯電話からのご応募は、右のQRコードをご利用ください。

徹底解説Visual Studio Code

| 2019年10月 1日 | 第1刷発行 |
| 2021年 5月17日 | 第4刷発行 |

著　者	本間咲来
発行者	池田武人
発行所	株式会社　シーアンドアール研究所
	新潟県新潟市北区西名目所4083-6(〒950-3122)
	電話　025-259-4293　　FAX　025-258-2801
印刷所	株式会社　ルナテック

ISBN978-4-86354-288-4　C3055

©Saki Honma, 2019

Printed in Japan